108가지 청두 맛집 맛여행

사천 미식

成都食光

캉칭康清 지음 / 임화영 옮김

이담 Books

초판인쇄 2016년 7월 7일
초판발행 2016년 7월 7일

지은이 캉 칭
옮긴이 임화영
펴낸이 채종준
기 획 박능원
편 집 백혜림
디자인 조은아
마케팅 황영주

펴낸곳 한국학술정보(주)
주소 경기도 파주시 회동길 230(문발동)
전화 031 908 3181(대표)
팩스 031 908 3189
홈페이지 http://ebook.kstudy.com
E-mail 출판사업부 publish@kstudy.com
등록 제일산-115호 2000. 6. 19

ISBN 978-89-268-7228-4 03980

책에 대한 더 나은 생각, 끊임없는 고민, 독자를 생각하는 마음으로 보다 좋은 책을 만들어갑니다.

추천사

청두(成都)로 출장을 갈 기회가 여러 번 있었는데 갈 때마다 색다른 느낌을 받곤 했다. 비행기가 착륙할 즈음엔 어김없이 청두의 관광명소를 소개하는 홍보영상이 상영되곤 하는데 사실 나는 한 번도 청두를 둘러 본 적이 없다. 제2순환도로의 극심한 정체로 비행기를 놓칠 뻔한 기억 때문인지도 모르겠다.

청두는 미식가(美食家)의 도시답게 곳곳에 맛있는 먹거리들이 널려 있다. 청두만의 독특한 음식 맛은 말로 다 표현할 순 없지만, 거리 곳곳에서 풍겨오는 그 향을 맡고 있으면 도저히 이 도시를 사랑하지 않을 수 없다. 청두는 그야말로 입과 식욕만으로도 둘러볼 수 있는 도시이기 때문이다. 그래서 그런지 청두 사람들은 집에서 식사를 하든, 밖에서 외식을 하든 메뉴 선택의 폭이 매우 넓다. 내가 비록 베이징(北京)에 살고 있지만 이 점에 대해서는 전혀 우월감을 느낄 수가 없다.

지금까지 여행 책자나 요리 화보는 적잖게 봐왔지만 『청두식광[成都食光, 한국어판: 사천미식(四川美食)]』처럼 삽화로 요리에 대한 애정을 담은 책은 처음이라 보자마자 빨려 들었다. 저자 캉칭(康清)은 뛰어난 회화 실력의 보유자로 생활 속의 아름다움을 여성다운 섬세한 필치로 잘 표현해내고 있다. 이 책을 처음 봤을 때 그림 하나하나가 너무 맛깔스러워 연신 침을 삼키고 보았던 기억이 난다.

기회가 된다면 나 역시도 배낭 하나 둘러메고, 책 속에 나와 있는 맛있는 요리들을 찾아다니며 모두 맛보고 싶다. 이 책을 만나본 독자라면 아마 나의 생각에 온전히 공감할 것이 분명하다.

2014년 7월 25일

탕쏸광보(糖蒜广播) 인터넷 라디오 방송국 설립자

스탠리(Stanley)

Kang
Qing

2014.7.25

머리말

청두식광(成都食光), 그래, 모두 먹어 치우자!

'청두식광'은 '청두에서 미식을 즐기는 시간'을 의미해요. 그리고 '식광'은 '모두 먹어 치우다'라는 뜻으로, 어떻게 보면 마치 청두의 음식을 모두 맛보고 먹어 치워 버리겠다는 호언장담 같은 것이기도 하죠. 혹은 츠훠(吃货, 미식가)처럼 음식을 제대로 알고, 사랑하고, 소중하게 여긴다는 뜻이기도 하답니다.

저는 베이징(北京)에서 유학 중인 청두 사람이에요. 청두를 오래 떠나 있을수록 고향인 청두가 그립고 무엇보다 청두 음식이 간절해져요. 종종 지하철에서 눈을 감고 이런 상상을 하곤 해요. 눈을 뜨면 청두에 있는 상상을요. 이런 상상도 하죠. 방문을 열고 나가기만 하면 바로 청두의 집으로 돌아가 있는 저를요!

『청두식광』은 끝을 맺을 수 없는 책이에요. 지면의 한계로 청두미식의 전부를 담을 수 없어 여러분께 모든 요리를 느끼게 해드릴 수 없다는 사실이 안타까울 뿐이랍니다. 여기서 소개한 요리들은 청두 토박이들이 추천하고 제가 좋아하는 곳의 음식들로, 어떤 특정한 요리라기보다는 취향에 따라 선별했어요. 이 책을 통해 여러분들만의 좋아하는 맛을 찾을 수 있게 되기를 바라요.

마지막으로 이 책에는 아주 작은 비밀 두 가지가 있어요! 발견하셨나요? 정답은 후기에 있답니다.

2014년 5월 28일

캉칭(康清)

mumu

청두(成都)의 아기 판다.
입꼬리에 먹보 느낌이
가득하다. 항상 선글라스를
끼고 있는데 그것을
벗기면 작은 눈이 콕!

kiki
다홍색 머리에
진녹색 눈을 가진,
어리숙하지만
천진난만한 애어른
biubiu
kiki의 우윳빛 애완 고양이.
애교가 많고 간혹 순진한 척
밥을 먹을 때마다
'냐옹냐옹' 소리를 냄.

목차

HOT, 뜨거

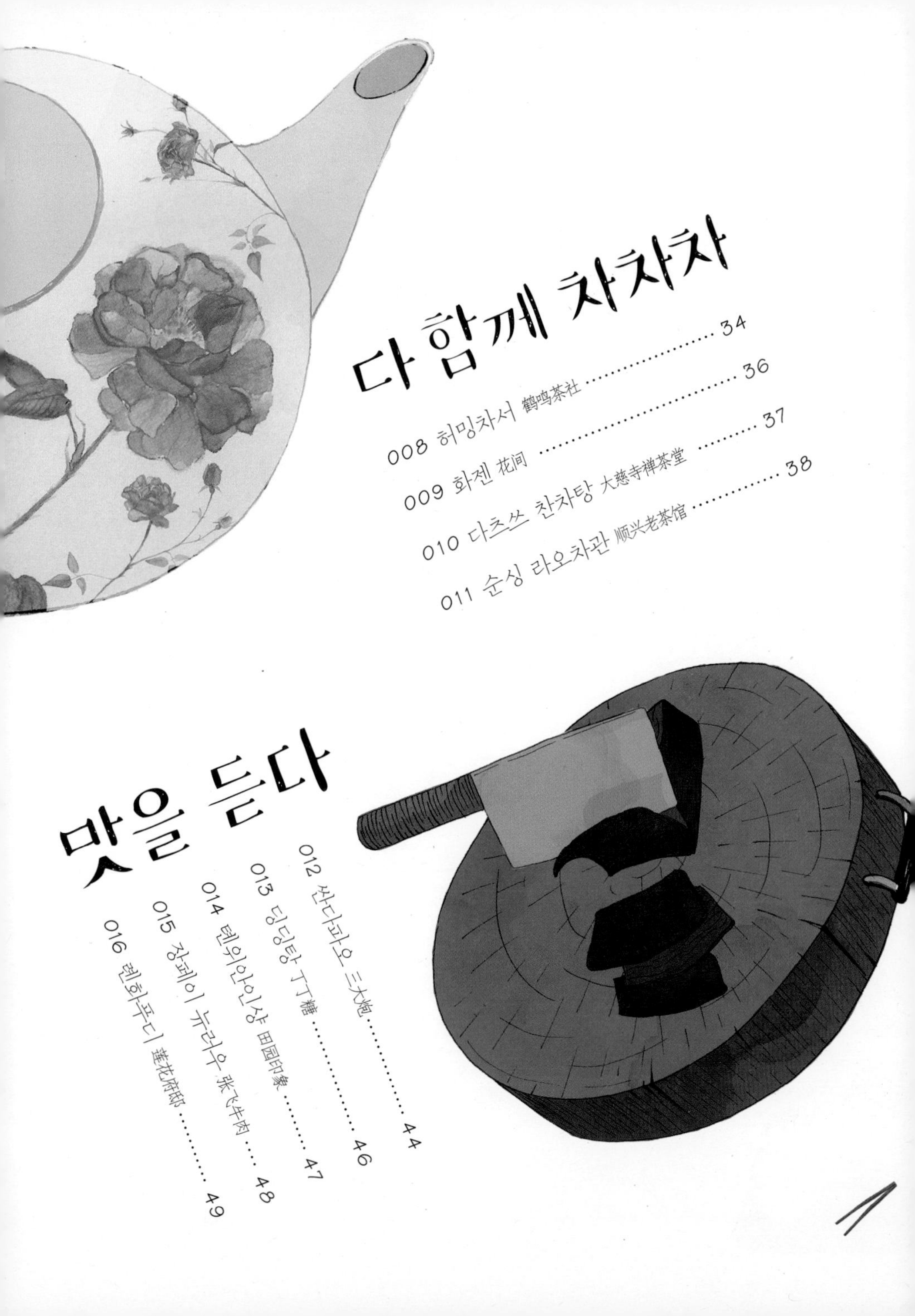

다 함께 차차차

맛을 듣다

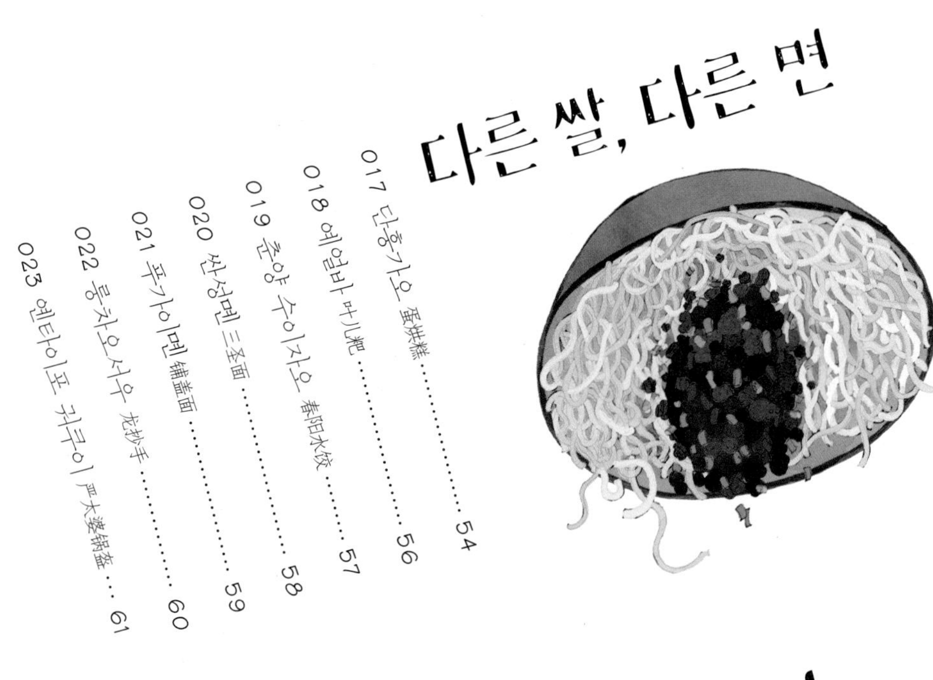

다른 쌀, 다른 면

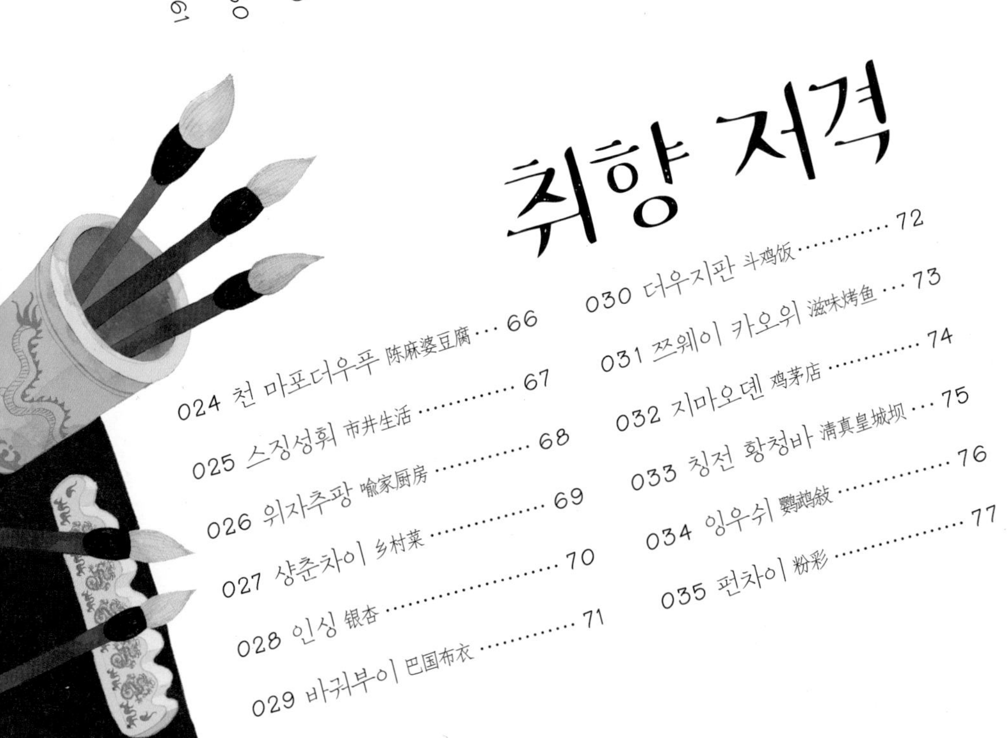

취향 저격

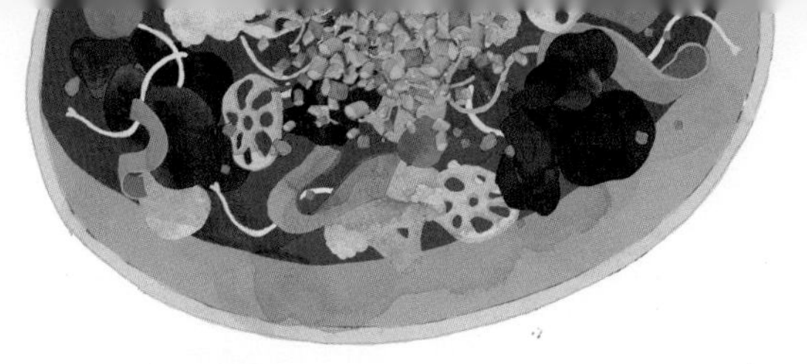

有名无名 유명무명

소곤거리다

끊을 수 없어

이토록 시원한

여전히 대학생

달지 않으면 싫어 130

살벌하거나 특별하거나

원기보충 별미

먹어 본 듯한

시간의 맛

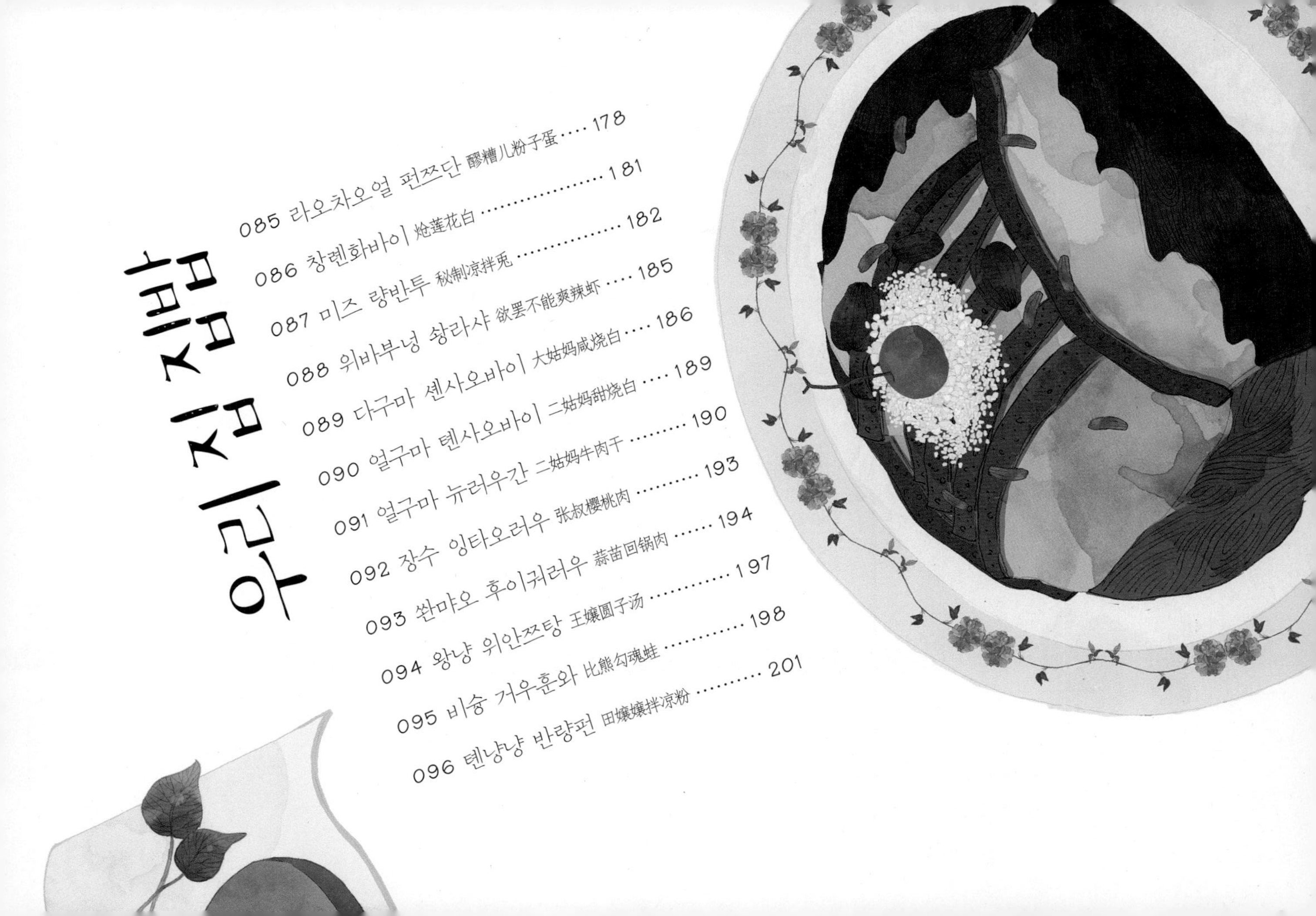

우리집 집밥

고기, 고기, 그리고 고기

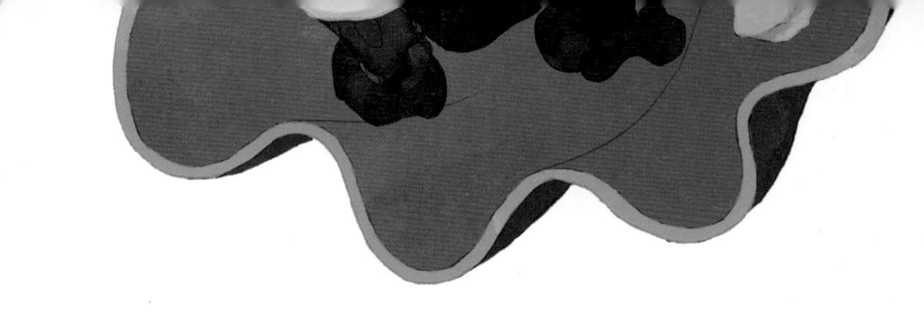

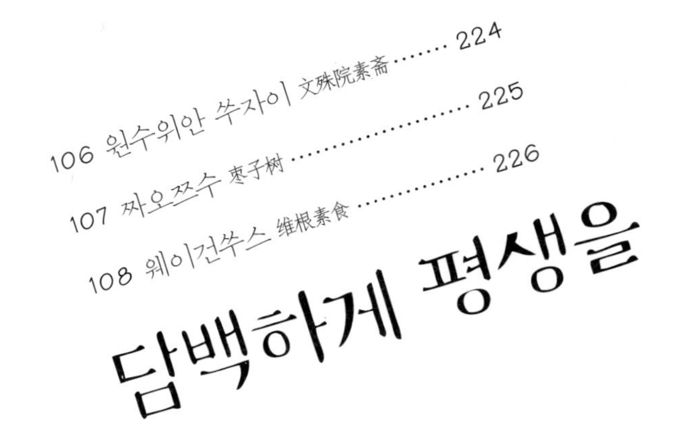

담백하게 평생을

미식가의 1일 여행

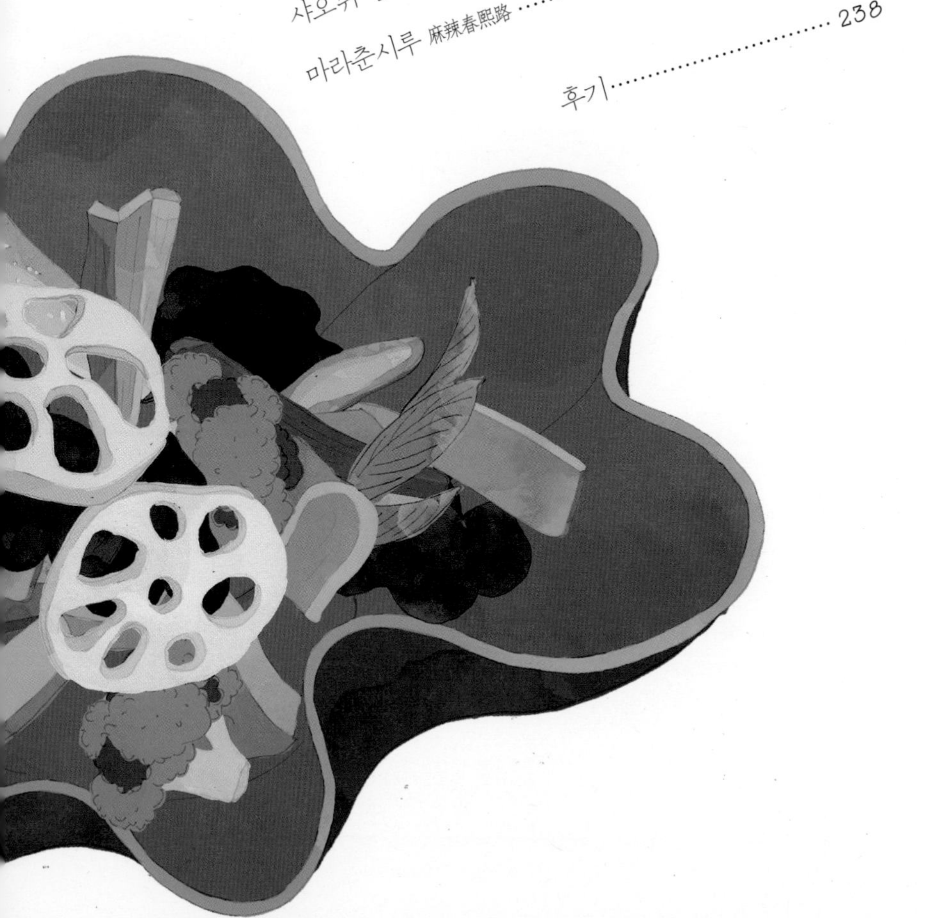

〈일러두기〉

* 현지에서의 활용도를 높이기 위해 본 책에 쓰인 한자는 일괄 간체자를 사용했다.
* 본 책에 사용된 맛집 정보 관련 아이콘의 의미는 다음과 같다.

상호명
환경(접근성, 서비스, 위생상태 등)
주소
영업시간
잔혹성('어둠의 요리' 난이도)
가격
추천메뉴
전화번호
추천대상

HOT, 뜨거

훠궈(火锅, 샤부샤부) 먹고 싶어.
참, 어제 먹었지?

1

没有香油石碟的陪伴
火锅君会寂寞的！
참기름이 없다면
훠궈 군은 아주아주 외로울 거야~

001 成都 蜀九香 수주샹

'주궁거 훠궈(九宫格火锅)'의 육수를 만들 때 소기름을 넣고 끓여서 '수주샹(蜀九香)'에 들어서면 그 향이 은은하게 느껴진다고 해요. 이곳의 메인 요리인 '주샹뉴러우(九香牛肉)'는 크고 두껍게 썬 고기를 소금에 절인 후 푹 삶기 때문에 국물 맛이 무척 부드럽고 개운하답니다. 고기를 찍어 먹는 참기름 소스는 열을 식혀주는 효능이 있다고 해요. 이 소스를 더욱 맛있게 먹고 싶다면 꼭 마늘을 넣어서 드세요. 여기에 마오마오옌(毛毛盐)까지 뿌려주면 정말 환상적인 맛이 나죠. 마오마오옌은 청두(成都) 사투리로 아주 적은 양의 소금을 의미해요. 달고 짠맛을 즐긴다면 여기에 굴 소스를 약간 넣어줘도 좋아요. 육수에는 붉은 고추와 화자오(花椒)* 가 잔뜩 들어 있어 먹을수록 맵고 알싸한 맛이 나요. 너무 매울 때는 더우장(豆浆, 콩국)을 함께 드세요. 매운맛이 조금 사그라진답니다.

이 식당은 늘 손님들로 북적여서 준비한 재료를 그날그날 다 소진해 버린다고 해요. 매일 새로운 재료를 사용하니 요리도 자연히 신선할 수밖에 없겠죠?

- 수주샹훠궈식당(蜀九香火锅酒楼)
- 인당 96위안
- ☆☆☆☆
- 주샹뉴러우(九香牛肉), 어창(鹅肠), 샹차이완쯔(香菜丸子, 고수완자), 주샹파이구(九香排骨, 구향갈비)
- 锦江区人民南路二段南府街53号
- 028-82996969
- 10:30~23:00
- 직장인, 어린이 입맛 소유자

* 화자오: 쓰촨(四川) 지역에서 생산되는 매운맛의 통후추

주궁거 훠궈는 훠궈
솥을 9칸으로 나눈 것으로
충칭(重庆)에서 시작됐다고 해요.
칸마다 각각 다른 채소를 넣고
입맛대로 골라 먹을 수
있어 편하답니다.

002 룽썬위안

민물고기 요리 전문점이에요. 먹을 복 많은 청두 사람들은 특히 '황라딩(黄辣丁)'이라는 민물고기를 즐겨 먹는데 신진(新津) 현 부근에 강이 있어서 이 요리가 더욱 유명해졌다고 해요. 자연산 황라딩은 몸 전체가 누런빛을 띠고 살이 매우 부드럽죠. 작은 가시가 있기는 하지만 일반 생선 가시만큼 날카롭지는 않으니 염려 마세요.

'룽썬위안(龙森园)'에는 이곳만의 독특한 황라딩 요리법이 있어요. 바로 싱싱한 황라딩을 솥에 넣고, 그 위에 뜨겁게 달군 돌을 덮어서 익히는 방법이랍니다. 돌은 인체에 해로운 화학물질을 제거해 주는 효과가 있어서 건강에 아주 좋다고 하네요. 하지만 애석하게도 최근 환경오염과 대량 포획으로 인해 자연산 황라딩은 거의 찾아볼 수가 없다고 해요. 지금의 황라딩은 대부분 양식이며, 심지어 다른 지역에서 공수해 오기도 한다네요. 미식가로서 자연산을 먹고자 한다면 기억해 두세요. 자연산 황라딩은 몸통이 가늘고 크기가 매우 작답니다!

- 룽썬위안훠궈(龙森园火锅)
- 인당 106위안
- ☆☆☆☆☆
- 황라딩(黄辣丁), 넌뉴러우(嫩牛肉), 황허우(黄喉), 어창(鹅肠), 뉴서(牛舌)
- 青羊区琴台路60号
- 028-86155158
- 11:30~23:00
- 직장인, 가족

다먀오훠궈[大妙火锅(东区音乐公园店)]
인당 109위안
☆☆☆☆☆
야창(鸭肠), 미국식 페이뉴(肥牛), 샤화(虾滑)
成华区建设南路95号[둥자오지이(东郊记忆) 옆]
028-84391111
11:00~22:00
외국인, 가족, 직장인

大妙 다먀오

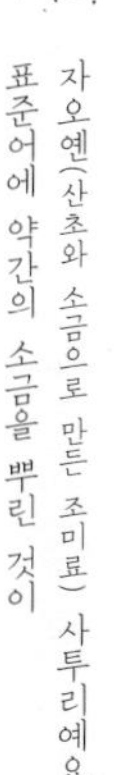

청두 여행은 처음이고 매운 것은 잘 먹지 못하는데 청두의 훠궈가 먹고 싶다면? 그럴 땐 '다먀오(大妙)'로 가세요. 다먀오는 정통 쓰촨(四川) 훠궈 요리를 요즘 사람들 입맛에 맞게 선보이고 있는 곳이랍니다. 식물성 기름에 한약재를 넣어 육수를 만들었기 때문에 몸에 열이 많은 사람이 먹어도 괜찮아요. 또한 이 육수에는 쓰촨 진양(金阳) 현의 산초나무와 20여 종의 향신료를 첨가해서 맛과 향이 엄청나게 부드럽답니다.

만약 '둥자오지이(东郊记忆)점'을 가게 된다면 그곳만의 독특한 예술적 분위기를 느낄 수 있을 거예요. 건물에 들어서면 천장에 쇠 파이프가 그대로 드러나 있는 것을 볼 수 있는데 보자마자 798 예술의 거리*가 떠오르죠. 심지어 식탁도 강철로 된 파이프로 만들어졌답니다. 매일 저녁 7시에서 7시 반 사이에는 공연도 해요. 전통 공연이긴 해도 극 중 대사에 'yes or no' 같은 영어도 섞여 있고, 출연자가 형광립스틱을 바르고 나오는 등 세대를 초월한 공연이랍니다. 제가 본 공연 중에서 가장 재밌었던 것은 한 여성이 펼친 공연이었어요. 걸쭉한 자오옌(椒盐) 사투리(쓰촨 사투리)를 쓰는 그녀는 전혀 발음에 신경쓰지 않고 거침없이 말을 해댔어요. 일부러 사람들을 웃기려고 그런 줄 알았는데 그건 아니라고 하네요.

* 798 예술의 거리: 베이징(北京)에 위치한 예술지구로 공장지대였던 곳을 예술거리로 재탄생시킴.

004 成都 大宅门

다자이먼

- 바수다자이먼훠궈(巴蜀大宅门火锅)
- 인당 59위안
- ☆☆☆☆☆
- 과몐야창(挂面鸭肠), 황허우(黄喉), 샤자오(虾饺), 산위(鳝鱼)
- 成华区新鸿南路75号[신화(新华)공원 후문 근처]
- 028-84346222
- 11:00~익일 새벽 02:00
- 어린이 입맛 소유자, 가족

만약 다먀오의 맵고 알싸한 맛이 그다지 중독성이 없다고 생각된다면 '다자이먼(大宅门)'으로 발길을 옮겨도 좋답니다. 이곳에 가면 문 앞에서부터 정통 훠궈의 향을 맡을 수 있을 거예요. 다자이먼의 훠궈는 재료도 신선하고, 가격에 비해 양도 많고, 맛까지 좋아서 갈 때마다 사람들로 북적거린답니다. 혹 이곳의 음식이 맵게 느껴지면 더우장이나 빙펀(冰粉, 젤리 얼음탕)을 함께 먹으면 돼요. 맑고 투명한 빙펀에 훙탕(红糖, 황설탕) 소스를 넣어 먹으면 달고 시원한 맛이 매운맛을 감소시켜줘요. 그래도 맵다면 훙구냥(红姑娘[붉은 아가씨], 꽈리)을 찾으세요. 여자[姑娘]를 꾀어내라는 뜻이 절대 아니랍니다, 하하. 매운맛을 해소해 주는 음료예요. 훙구냥 한 알과 얼음설탕[冰糖] 몇 개를 넣은 잔에 끓는 물을 부으면 끝! 매운맛을 식혀주는 것으로 이만한 것이 없어요. 하지만 맛은 무척 쓰답니다.

장난기 많은 한 친구는 이 음료를 한 살배기 아기한테 먹이고선, 아기가 얼굴을 잔뜩 찌푸리자 깔깔거리면 웃었다고 해요. 물론 그 아기는 이제 그 친구가 주는 건 거들떠보지도 않는답니다.

탄위터우

탄위터우(谭鱼头)

인당 87위안

☆☆☆☆☆

위터우(鱼头), 서우모 더우푸(手磨豆腐, 수제 두부)

锦江区水津街1号兰桂坊17栋2楼

028-85007890

09:30~익일 새벽 02:00

커플, 직장인, 외국인

* 위안양궈: 양쪽으로 나눠진 훠궈 원앙솥으로 각각 다른 맛의 탕을 넣어 골라 먹을 수 있음.

청두 칭스차오(青石桥)에 위치하고 있는 '탄위터우(谭鱼头)'는 1996년에 창업한 식당으로 지금까지도 맛이 좋다는 평가를 받고 있어요. 맛은 대체로 담백한 편이에요. 위안양궈(鸳鸯锅)* 의 한쪽에는 푹 고은 오골계와 버섯이 들어 있고, 다른 한쪽에는 식물성 기름과 화자오가 들어 있어요. 채소나 고기를 찍어 먹는 소스는 다양한 재료를 취향대로 맘껏 섞어 만들 수 있는데, 특히 이곳은 다른 데선 볼 수 없는 탄위터우만의 특제 소스가 있답니다. 가보지 않을 수 없겠죠?

운이 좋아 창가 자리에 앉는다면 창밖으로 보이는 허장팅(合江亭)과 푸난(府南) 강의 경치는 보너스로 감상할 수 있으니 참고하세요. 허장팅은 청두의 푸장(府江) 강과 난장(南江) 강이 합류하는 곳에 자리 잡고 있는 전망대로 '백년해로'를 상징하는 사랑의 건널목도 있답니다. 청두의 교통경찰이 이 같은 기발한 아이디어를 냈다고 하네요. 그 교통경찰은 당시 인터뷰에서 이렇게 말했다고 해요. "신혼부부들이 이곳에서 사랑을 맹세하면 그들은 시키지 않아도 교통법규를 준수합니다. 결국 안전과 행복을 동시에 지킬 수 있게 된 것이죠." 와~ 사랑꾼이 청두에도 있었네요!

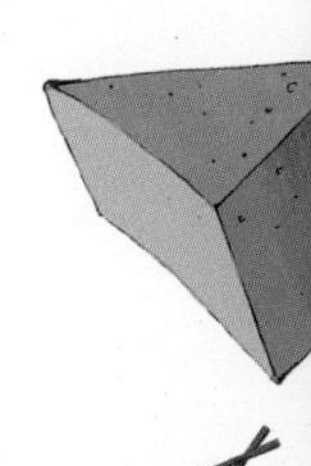

난, 서우모 더우푸

手磨豆腐

006 成都

芭夯兔 바항투

청두에는 눈처럼 하얗고 연한 토끼고기로 만든 '투훠궈(兔火锅)'가 있어요. 훠궈 솥에 토끼고기를 넣고 보글보글 끓이면 맛있는 향기가 코끝을 자극하죠. 투훠궈를 먹을 때는 두 종류의 소스를 맛볼 수 있는데 칭하이자오(青海椒, 푸른 고추)를 구운 후 잘게 다져서 만든 '매콤한 소스'와 샤오미라(小米辣, 고추의 일종)를 잘게 다져서 만든 '정말 매운 소스'가 있어요. 이 두 소스를 나란히 놓으면 초록색과 빨간색이 예쁘게 조화를 이룬답니다. 기호에 따라 매운맛이 당기지 않는다면 소스를 찍지 않고 먹으면 돼요. 그러면 토끼고기 본연의 맛과 향을 느낄 수 있어요. 토끼고기도 먹고 탕도 먹을 수 있으니 일거양득이 아닐 수 없겠죠?

뿐만 아니라 다양한 채소도 탕에 데쳐서 먹을 수 있어요. 청두에서는 '완더우덴(豌豆颠)'이라 부르는 완두 싹도 데쳐 먹는답니다. 여기서 꼭 기억해 둘 점은 채소를 너무 오래 익히면 안 된다는 거예요. 탕에 살짝 담가 잎이 부드러워지고 줄기가 살짝 꺾일 정도가 되면 바로 꺼내 먹어야 제맛을 느낄 수 있어요.

- 쯔궁바항투(自贡芭夯兎)
- 인당 54위안
- ☆☆☆☆
- 투러우(兔肉, 토끼고기), 투터우(兔头, 토끼 머리 고기), 완더우젠(豌豆尖)
- 武侯区科华南路10号
- 028-85251498
- 11:30~14:00, 16:30~21:00
- 가족, 어린이 입맛 소유자

007 成都 唐家寺牛杂 탕자쓰 뉴짜

'탕자쓰(唐家寺)'는 후이족(回族)의 거주 지역으로 이곳에는 소 도축장이 있답니다. 청두의 소고기는 모두 이곳 탕자쓰에서 나온다고 할 수 있어요. 도축한 고기를 바로바로 판매하고 있어서 탕자쓰의 소고기는 신선함의 대명사로 불리고 있죠. 예전에 이곳에 살던 후이족 사람들은 도축 후 남은 소의 내장으로 훠궈를 만들어서 팔았다고 해요. 참고로 탕자쓰에서 최초로 소내장 훠궈 가게를 연 사람은 후이족의 장안안(张安安)이라는 사람이랍니다.

후이족 가게 주인들은 모두 정직하고 성실해서 손님을 속이는 일은 절대 없다고 해요. 청두에서는 이런 것을 '청렴'이라고 하죠. 이들은 훠궈의 재료인 천엽을 매일 아침 신선한 것으로 공수해와 깨끗한 물에 담가 두었다가 주문이 들어오면 그 자리에서 바로 썰어서 내주고 있어요. 매일 4~5개의 천엽을 받아오는데 이것을 다 팔면 가게 문을 닫아버린다고 하네요. 페이뉴(肥牛, 샤부샤부용 소고기)도 즉석에서 썰어주고 있는데 선홍빛의 황소고기를 크고 두껍게 썰어줘서 오래 끓여도 고기가 흐물흐물해지지 않아요. 시중에서 흔히 볼 수 있는 보통의 페이뉴와는 차원이 다른 맛을 느낄 수 있답니다.

- 장지셴마오두취안뉴짜(张记鲜毛肚全牛杂)
- 인당 38위안
- ☆☆☆
- 셴마오두(鲜毛肚), 셴어창(鲜鹅肠), 황뉴러우 페이뉴(黄牛肉肥牛)
- 成都近郊青白江区唐家寺三里场新兴街1号
- 028-83672693
- 11:30~21:00
- 주머니 가벼운 여행자, 어린이 입맛 소유자

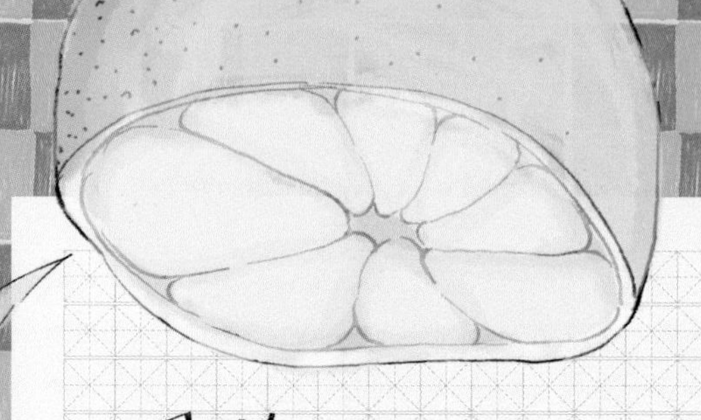

킁킁~ 옷에 밴 훠궈 냄새, 이제 bye bye

훠궈는 먹을 때는 좋지만 다 먹고 난 후 옷에 밴 훠궈 냄새는 정말 싫어요! 이럴 때 냄새를 없애는 기가 막힌 방법이 있답니다.

먼저 분무기에 깨끗한 물을 넣고, 그 안에 레몬즙을 짜서 넣어주세요. 너무 많이 넣지는 마세요. 한두 방울이면 충분하답니다. 그리고 레몬즙을 넣은 분무기를 잘 흔들어서 옷에 뿌려주세요. 끝으로 통풍이 잘되는 곳에 옷을 걸어두고 말려주면 냄새가 감쪽같이 사라진답니다. 어때요? 참 쉽죠!

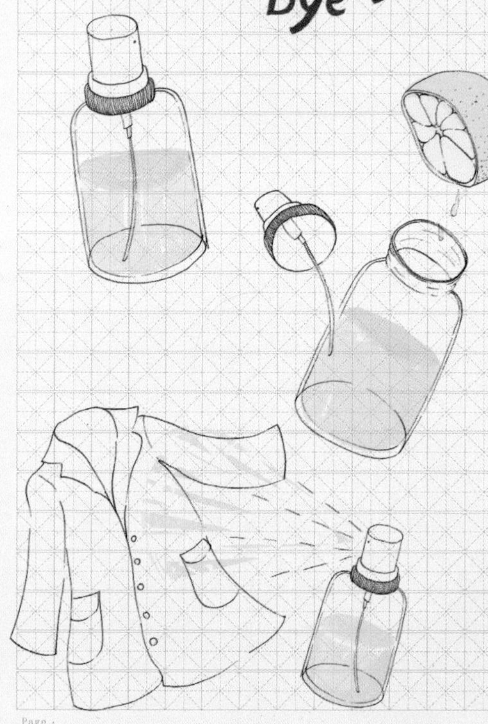

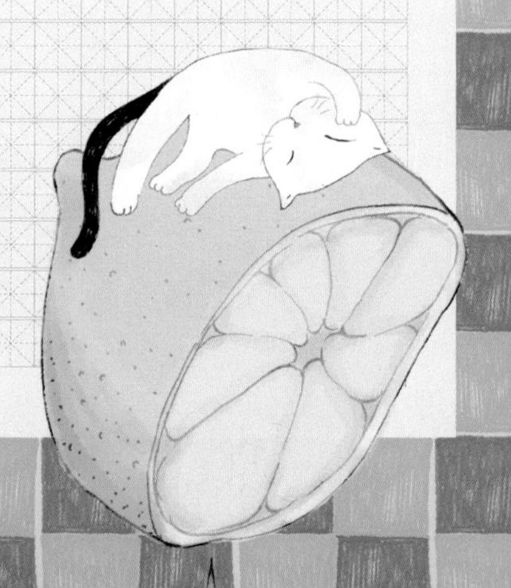

다함께
차차차

와~
오늘 오후 햇살이
정말 좋구나!

008 鹤鸣茶社 허밍차서

눈부시게 밝은 햇살이 내리쬐는 오후에 청두(成都)의 차 문화를 느껴보고 싶다면, 런민(人民)공원에 있는 오래된 찻집 '허밍차서(鹤鸣茶社)'로 가보세요.

이곳에는 전통방식으로 차를 끓일 수 있는 아궁이가 잘 보존되어 있어요. 입구에는 대형 주전자 모양의 손 씻는 곳이 있는데 주둥이에서 물이 흘러나오는 것이 굉장히 독특하답니다. 또한 이곳에 가면 문을 들어서기도 전에 할아버지, 할머니들이 창파이(长牌)와 마장(麻将)을 하면서 웃고 떠드는 소리를 들을 수 있어요. 어르신들은 찻집에 느긋하게 앉아서 가이완차(盖碗茶)*를 마시며 과쯔(瓜子)**와 땅콩을 까먹는 것으로 소일거리를 하신답니다. 수다를 떨다가 어디선가 코 고는 소리가 들리면 파초선(芭蕉扇)을 들고 깜빡 잠이 드신 걸 거예요. 따사로운 오후 햇살을 이기지 못하고선 말이죠.

* 가이완차: 뚜껑과 잔 받침이 있는 다기에 담긴 차

** 과쯔: 해바라기씨 등에 소금과 향료를 넣고 볶은 것

- 허밍차서(鹤鸣茶社)
- 인당 20위안
- ☆☆☆☆
- 비탄퍄오쉐(碧潭飘雪), 치먼훙차(祁门红茶), 멍딩산간루(蒙顶山甘露), 국화차, 마오젠(毛尖)
- 青羊区少城路12号[런민(人民)공원 내]
- 어른 입맛 소유자, 주머니 가벼운 여행자, 가족

청두에는 귀 청소를 해주는 사람이 있는데
이들의 기술이 워낙 뛰어나서 잠을 잃을 정도예요.
청두말로 수다 떨다는 바이룽먼전(摆龙门阵)이라고 해요.
바이룽먼전은 추이커쯔(吹壳子) 또는 판쭈이피쯔(翻嘴皮子)라고 해요.
대나무 의자, 낮은 탁자, 가이완차, 마작하기, 신문보기,
햇볕 쬐기, 수다 떨기 등 청두 사람들이 즐기는
다양한 문화도 함께 경험해 보세요~!

009 花间 화젠

주변 사람들이 '화젠(花间)'이라는 이름만 들어도 열광을 해서 궁금증이 생기지 않으려야 않을 수 없었어요. 그러니 안 가볼 수 없겠죠? 화젠은 그 이름처럼 고풍스러운 분위기가 물씬 풍기는 곳으로 가끔 거문고 소리도 들린답니다. 가이완차를 한잔 시키고 앉아서 친구들과 수다 떨기에 딱 좋은 곳 같았어요. 차를 마시다가 배가 고프면 간단한 요깃거리도 시켜먹을 수 있어요. 하지만 가격이 비싼 편이니 주머니 사정이 좋지 못하다면 지인 찬스(?)를 쓰는 방법을 고려해 보세요.

화젠(花间)
인당 150위안
☆☆☆☆☆
주예칭(竹叶青), 푸얼차(普洱茶)
青羊区宽巷子16号
028-86255700
09:00~23:30
직장인, 주머니가 두둑한 사람, 외국인

010 成都

大慈寺禅茶堂 다츠쓰 찬차탕

화젠을 짙은 화장을 한 섹시한 여성에 비유한다면 '다츠쓰 찬차탕(大慈寺禅茶堂)'은 화장기 없는 평범한 여성이라고 할 수 있어요. 이곳에서 '바바차(坝坝茶)'를 마시면 그 옛날 과거의 청두에서 차를 마시는 듯한 느낌을 받을 수 있을 거예요. 차 한잔 마시는 데 그리 긴 시간이 걸리는 것도 아니잖아요? 잠시 짬이 날 때 바바(坝坝)에 앉아 가이완차 한잔 마시는 것도 괜찮답니다. 떠 있는 찻잎을 차 뚜껑으로 살살 걷어내면서 한 모금씩 마시는 차 맛은 정말 끝내주거든요! 우연히 만난 친구들과 수다를 떨기 위해서든, 혼자 조용히 사색을 즐기기 위해서든 이곳에 오면 은은한 종소리와 희미한 독경 소리를 들을 수 있으니, 고즈넉한 소리를 배경 삼아 주변에 가득한 옅은 건육 향을 맡으면서 차를 마신다면 마치 신선이 된 기분을 느낄 수 있을 거예요.

- 다츠쓰찬차탕(大慈寺禅茶堂)
- 인당 20위안
- ☆☆☆☆½
- 주예칭(竹叶青), 화마오펑(花毛峰)
- 锦江区东风路大慈寺
- 028-86658341
- 어른 입맛 소유자, 주머니 가벼운 여행자

011 成都

顺兴老茶馆 순싱 라오차관

청두에 머무르는 시간이 그리 길지 않다면 '순싱 라오차관(顺兴老茶馆)'을 추천해 주고 싶어요. 이 찻집은 벽돌담, 나무로 만든 문과 의자 등이 복고풍으로 운치 있게 잘 꾸며져 있어요. 널찍한 의자에 몸을 푹 파묻고 청두의 간식을 먹으며 청두의 공연을 감상한다면, 원스톱으로 청두의 문화를 체험해 보는 것이나 다름없답니다. 어떤가요? 시간이 부족한 사람에게 딱 맞는 여행코스로 손색이 없겠죠?

- 순싱라오차관(顺兴老茶馆)
- 인당 88위안
- ☆☆☆☆☆
- 간식 세트
- 金牛区沙湾路258号国际会展中心3楼[사완(沙湾)국제회의센터 남쪽]
- 028-87693202, 028-87693203
- 10:00~21:00
- 직장인, 외국인

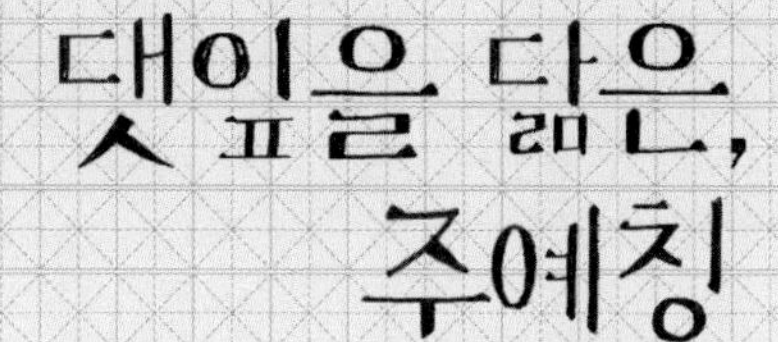

음~ 마지막 한 방울까지도 맛있어요!

주예칭(竹叶青)은 로스팅하지 않은, 즉 열을 가해 볶지 않은 차로 해발 800~1,200m인 어메이 산(峨眉山)의 차 밭에서 생산되고 있어요. 주예칭이 자라는 차 밭은 구름과 안개가 자욱하거나 햇빛이 잘 드는 경치가 아름다운 곳에 자리 잡고 있어서, 왠지 찻잎에도 예술적 정취가 깃들어 있는 듯하답니다. 주예칭의 맛은 찻잎을 채취하는 시기에 따라 결정된다고 하는데, 특히 청명절(清明节)* 전에 채취한 것이 가장 맛있다고 해요. 아, 그리고 주예칭이라는 이름은 찻잎의 모양이 대나무 잎과 닮아서 붙여졌다고 하네요. 청두를 다녀온 기념품으로 주예칭 만한 것도 없으니 꼭 한번 맛보도록 하세요.

* 청명절: 24절기 중 다섯 번째 절기, 양력 4월 5일 전후로 성묘하는 풍습이 있음.

알고 있나요?
소리에도 맛이 있고,
맛에도 소리가 있답니다~ 쫑긋!

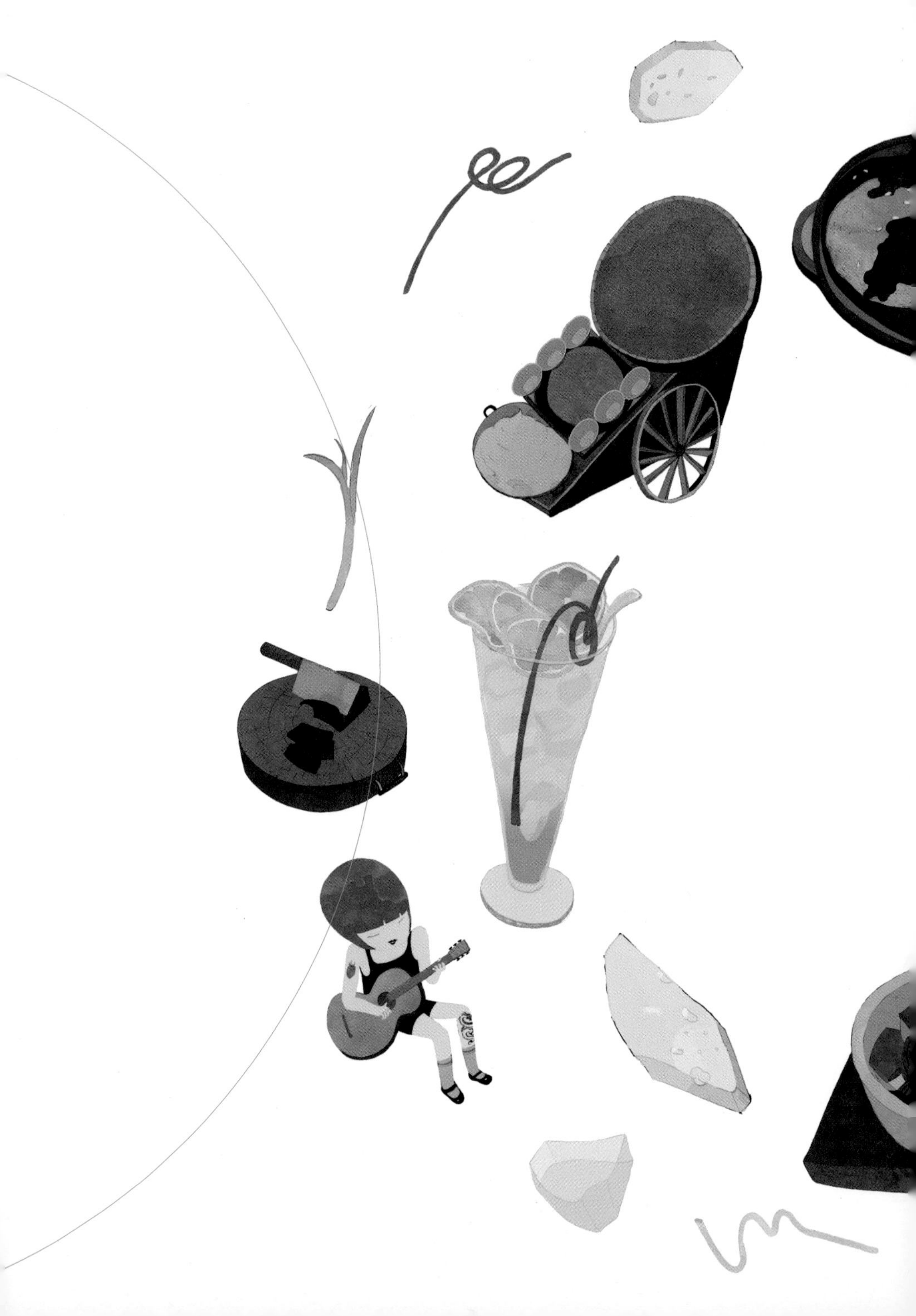

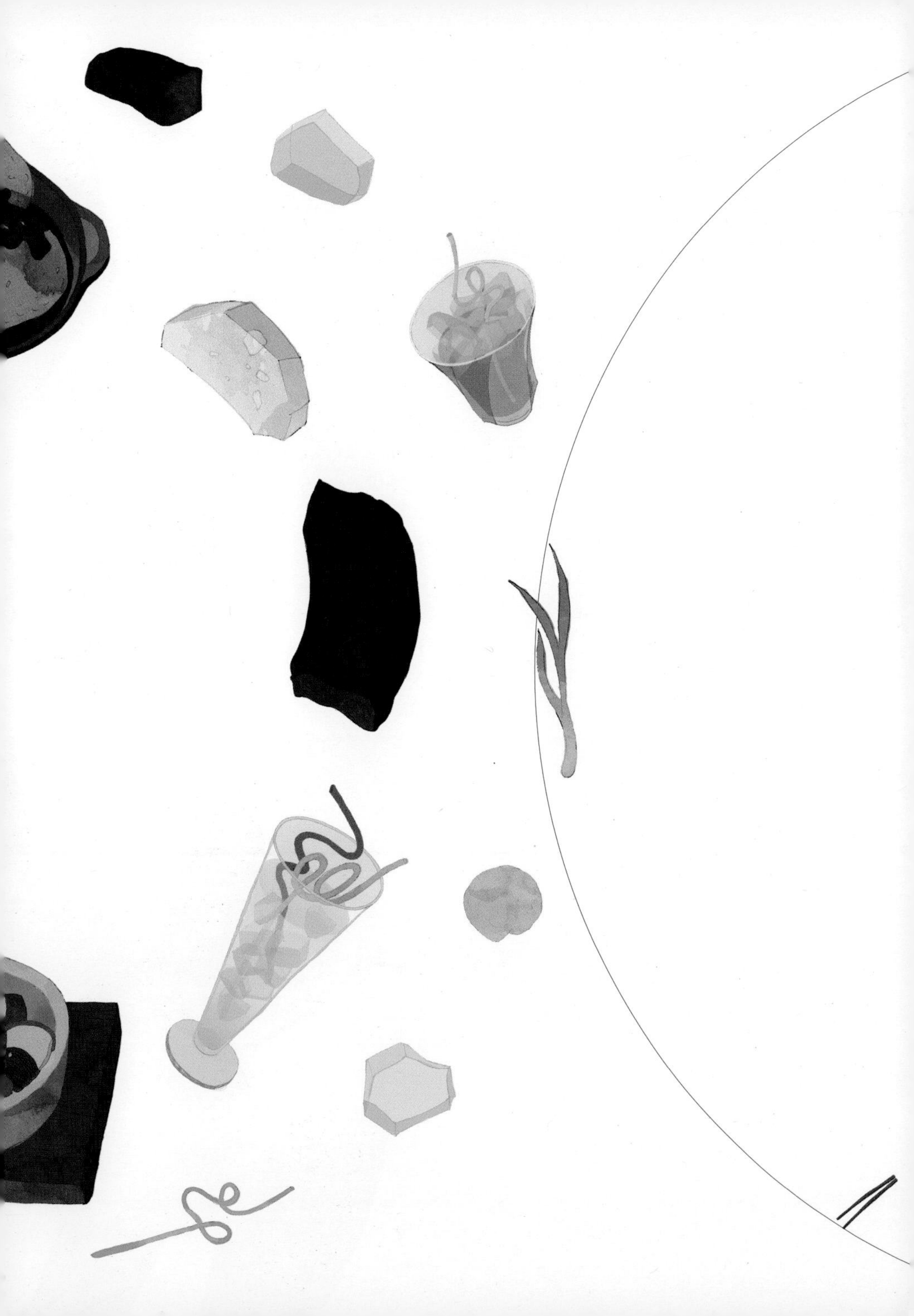

012 成都

싼다파오

'싼다파오(三大炮)? 대포 3대를 말하는 건가?' 하고 생각하는 분들도 있을 거예요. 당연히 그건 절대 아니랍니다. '싼다파오'는 찹쌀과 흑설탕으로 만든 청두(成都)의 유명한 간식거리예요. 만드는 과정이 정말 재밌는데, 먼저 넓적한 동판(铜板) 한쪽에 놋그릇을 두 줄로 늘어놓고, 다른 한쪽에는 참깨가루와 콩가루를 담은 대바구니를 둡니다. 그리고 주문을 받으면 둥글게 빚은 경단을 동판에 사정없이 던져버리죠. 그러면 경단이 통통 튀면서 동판을 흔들어 동판 위에 놓인 놋그릇이 '땡그랑' 하고 소리를 낸답니다. 이렇게 하면 경단이 더 쫄깃쫄깃해진다고 해요. 그다음으로 경단을 콩가루 바구니에 굴린 후 그릇에 담아서 흑설탕 소스를 뿌려주면 완성! 갓 만든 싼다파오를 손에 받아 쥐면 따뜻한 온기가 느껴져요. 싼다파오는 보는 재미가 6할, 먹는 재미가 4할이라고 해요. 하지만 요즘은 이미 다 만들어진 것을 팔아서 보는 재미가 없어졌다고 하네요.

리창칭싼다파오(李长清三大炮)
인당 10위안
☆☆☆☆
싼다파오(三大炮)
武侯区锦里九品街10号
주머니 가벼운 여행자, 외국인, 트렌드세터

졈피 졈피 더 쫄깃해져라~ 얍!

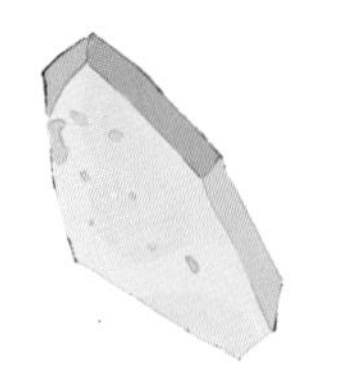

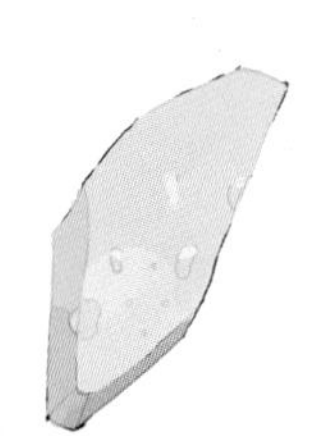

황지촨퉁딩딩탕(黄记传统丁丁糖)
인당 5위안
☆☆☆☆
딩딩탕(丁丁糖)
双流县黄龙溪 촌락 내
주머니 가벼운 여행자, 외국인, 트렌드세터

딩딩탕

어디선가 '땡땡' 하는 소리가 들리면 '딩딩탕(丁丁糖)' 장수가 근처에 왔다는 신호예요. 딩딩탕은 맥아당으로 만든 물렁물렁한 엿을 자장면 뽑듯이 쭉쭉 늘린 후 한입 크기로 잘라서 만든 간식인데, 딩딩탕 장수들이 호객할 때 작은 쇠망치로 철판을 '땡땡' 하고 두드린다고 해서 '딩딩탕'이라는 이름이 붙여졌대요. 철판은 엿을 자를 때도 쓰기 때문에 딩딩탕 장수들에게는 없어서는 안 될 물건이랍니다. 예전에는 할아버지나 할머니들이 작은 대바구니에 딩딩탕을 담아 들고 이곳저곳을 다니면서 팔았다고 해요. 딩딩탕은 그다지 먹음직스럽게 보이지도 않고, 포장이 화려하지도 않지만 한 번 맛을 보면 딩딩탕만의 소박한 맛에 매료당하게 될 거예요. 분.명.히! 게다가 딩딩탕에는 기침을 가라앉히고 근육통을 없애는 효능도 있다고 하니 맛보지 않을 이유가 없답니다.

텐위안인샹

이곳은 마치 바수(巴蜀)[*]의 농경시대를 재현해 놓은 것 같아요. 우렁찬 목소리로 "오셨습니까, 손님" 하는 인사 소리가 들리면 바로 그 순간, 농가 체험이 시작되는 거랍니다. 안으로 들어서면 톈바바(田坝坝)[**]가 보일 거예요. 그리고 그 옆에는 꽃무늬 옷을 걸친 허수아비가 작은 연못과 오리들을 지키고 서 있죠. 여기서는 사용하는 말 자체가 모두 옛날식인데 사장님은 '장구이(掌柜, 주인장)'라 부르고, '장팡(账房, 장부방)'이라 불리는 카운터에서는 '계산해 주세요'가 아닌 '은전 여기 있소'라고 말해야 한대요. 직원을 부를 때도 '야오메이(幺妹)'나 '샤오얼(小二)'이라고 불러야 해요. 또한 번호가 매겨진 테이블은 '몇 번 대대(大队)'라고 부른다고 하네요. 테이블이나 의자는 연식이 오래된 것들인데 짝이 맞지 않는 것이 대부분이랍니다.

이곳에서는 찻잔에 미음 같은 숭늉을 담아 먹어요. 투바완(土巴碗)에 숭늉을 따라 놓고 땅콩 두 알을 띄워 두면 수다 떨 준비가 된 것이죠. 메인 요리는 '자포 훙샤오러우(家婆红烧肉)'[***]이며, 또 다른 먹거리인 '훙탕 궈쿠이(红糖锅盔)'[****] 역시 추천할 만해요. 먹어보면 그 느낌 아실 거예요! 음식을 다 먹은 후엔 굴렁쇠나 샹황(响簧)을 가지고 놀면서 잠시 어린 시절로 되돌아 가보는 것도 좋을 것 같네요.

- 텐위안인샹(田园印象)
- 인당 50위안
- ☆☆☆☆☆
- 자포 훙샤오러우(家婆红烧肉), 쓰촨 레이쟈오치에(四川擂椒茄), 훙탕샤오 궈쿠이(红糖小锅盔), 훙샤오피 후이궈러우(红苕皮回锅肉), 톈사오바이(甜烧白)
- 锦江区二环路东四段408至412号
- 028-84496552
- 11:30~21:00
- 트렌트세터, 외국인

[*] 바수: 쓰촨(四川) 지방의 옛 이름

[**] 톈바바: 넓은 밭과 같은 야외정원

[***] 훙샤오러우: 삼겹살을 특제 붉은 소스와 함께 볶은 요리

[****] 훙탕 궈쿠이: 밀가루 반죽에 황설탕, 땅콩, 깨 등을 소로 넣어서 만든 간식

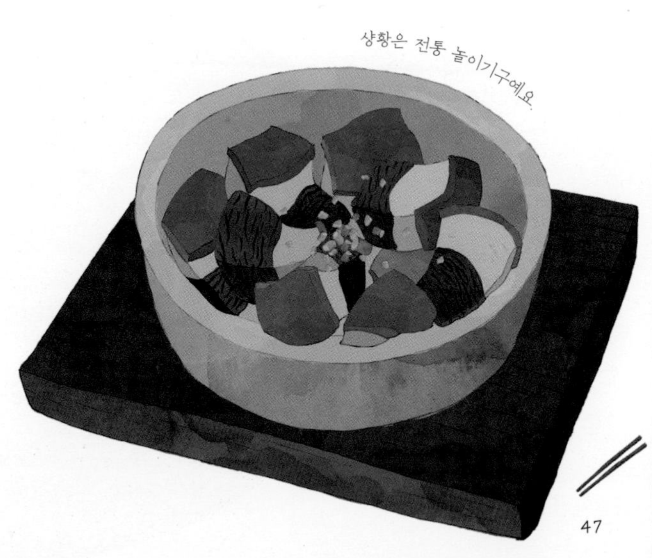

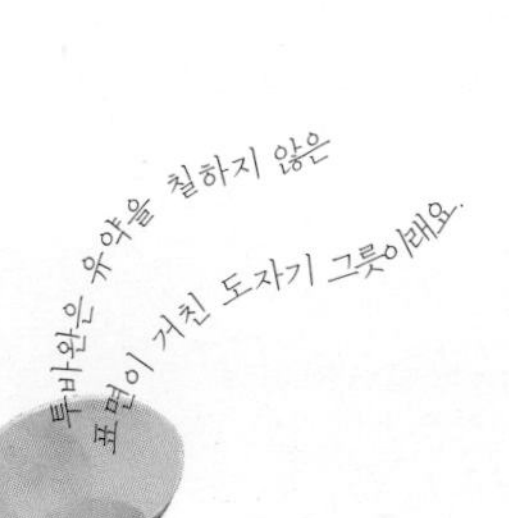

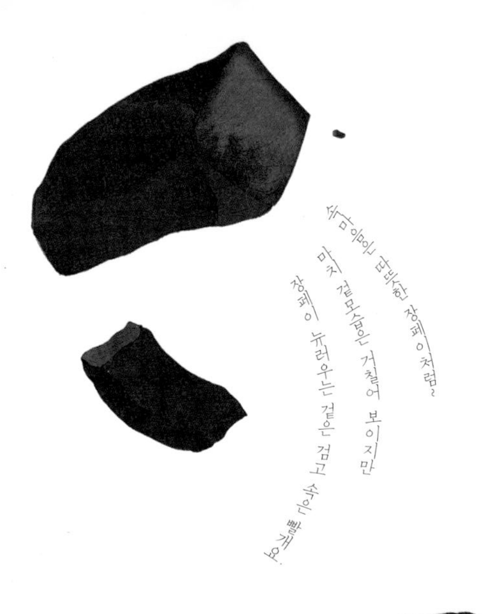

015 成都 张飞牛肉

장페이 뉴러우

'장페이 뉴러우(张飞牛肉)'를 한번 맛보면 왜 이 요리에 '장페이(张飞, 장비)'라는 이름을 붙였는지 바로 알 수 있을 거예요. 그 정도로 맛이 아주 강렬하답니다. 장페이 뉴러우는 소고기 수육 같은 것으로 불그스름한 색에 살코기가 많고 육질이 연한 것이 특징이에요. 육포로 만들어진 것은 포장도 간편해서 선물용으로 그만이랍니다. 이곳에 가면 장페이 분장을 한 주방장을 볼 수 있는데, 가끔 주변 사람들이 깜짝 놀랄 정도로 고함을 지르기도 하니 심장이 약한 사람은 조심하세요. 운이 좋으면 장페이가 직접 썰어주는 고기를 살 수도 있답니다.

장페이뉴러우(张飞牛肉)
인당 43위안
☆☆☆☆☆
장페이 뉴러우(张飞牛肉)
武侯区锦里37号
직장인, 트렌드세터

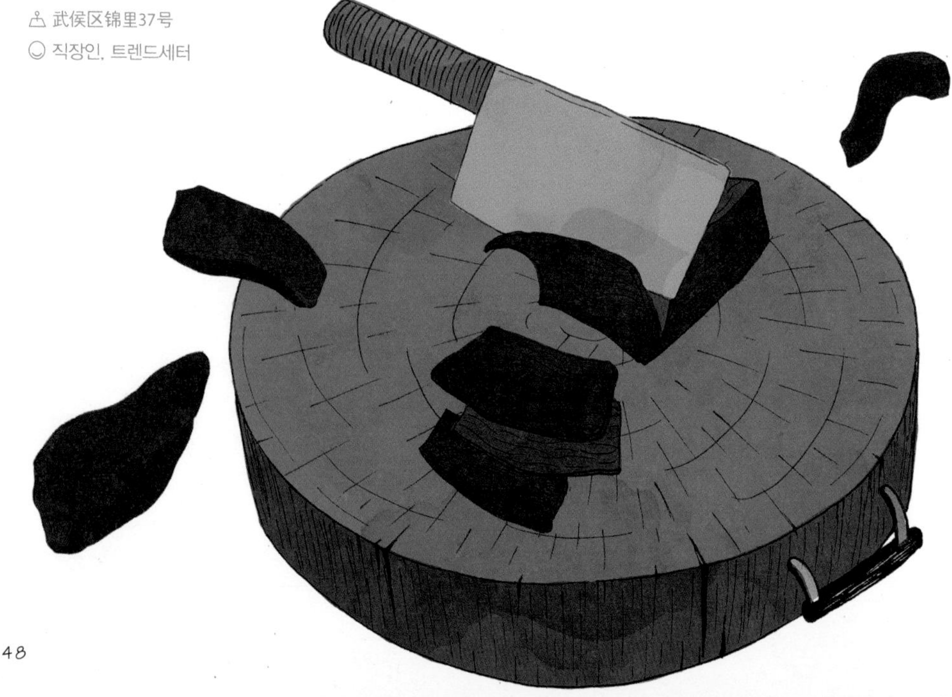

莲花府邸 렌화푸디

이곳의 분위기는 변화무쌍해요.
때로는 시크하게,
때로는 은은하게~ ♪♬

청두에서 최초로 라운지(lounge) 음악이 울려 퍼진 곳. 수많은 스타들이 이곳에서 노래를 불렀다고 해요. 아마 장량잉(张靓颖), 탄웨이웨이(谭维维), 왕정량(王铮亮)을 사랑하는 팬이라면 이곳을 성지로 여길지도 모르겠네요. 지금부터 '렌화푸디(莲花府邸)' 제대로 즐기는 법을 알려드릴게요! 먼저 낮에는 뒤뜰에 앉아서 연꽃을 감상하며 차와 함께 수다 떠는 것을 추천해요. 반대로 밤이 되면 낮과는 완전히 다른 별천지로 변하죠. 이때는 '추수이루룽(出水芙蓉)'* 이나 모히토(mojito) 칵테일을 마셔보세요. 여기에 아이스크림을 더한다면 청두의 밤 문화를 제대로 즐긴 게 된답니다.

렌화푸디(莲花府邸)
인당 100위안
☆☆☆☆½
추수이루룽(出水芙蓉)
武侯区武侯祠大街231号附12号
13348915173, 028-85537676
문화애호가, 어린이 입맛 소유자

* 추수이루룽: 금귤즙과 과립차(果粒茶)로 만든 칵테일의 일종

다른 쌀, 다른 면

꽃보다 면 요리

폐하, 단홍가오를 먹지 못하면
신첩은 아무것도 할 수 없사옵니다!
(중국드라마 〈허우궁전충촨(后宫甄嬛传)〉의 극 중 대사)

蛋烘糕 단홍가오

청두(成都)는 매일 밤 훠궈(火锅) 가게 주변이 노점상들로 가득 채워지는데 이 노점상들에서는 청두 사람들이 훠궈를 먹고 입가심으로 즐겨 찾는 '단홍가오(蛋烘糕)'나 '빙펀(冰粉)', '홍탕 츠바(红糖糍粑)'* 등을 판답니다. 특히 단홍가오는 두꺼운 이불을 개어둔 것처럼 생겼는데 한번 맛보면 입안에서 살살 녹는 그 맛을 절대 잊지 못할 거예요. 단홍가오를 먹을 때는 소를 맘대로 골라 먹는 재미도 있답니다. 대부분은 참깨와 땅콩에 백설탕을 섞은 소를 넣어서 먹지만 요즘은 과이웨이(怪味),** 야차이(芽菜, 새싹), 파란 고추[青椒], 초콜릿 러우쑹(肉松)*** 등 점점 더 다양한 재료를 넣어서 먹고 있어요.

이곳에서 파는 단홍가오는 전통기술을 전수한 요리사가 만든 것이 아니어서 맛이 제각각이랍니다. 정통 단홍가오를 맛보고 싶다면 궁런춘(工人村)에 있는 '루지 단홍가오(陸记蛋烘糕)'나 '허지 단홍가오(贺记蛋烘糕)'를 먹으러 가면 돼요.

루지는 붉은색 벽돌로 지어진 오래된 가옥 앞에 있어 찾기가 조금 어려울 거예요. 70세가 넘은 은퇴한 노부부가 노점을 운영하고 있는데 장소가 매우 열악하거든요. 비를 막기 위해 쳐둔 천막에는 구멍이 숭숭 뚫려 있고, 장사하는 시간도 오로지 날씨나 주인 할아버지 기분에 달려 있

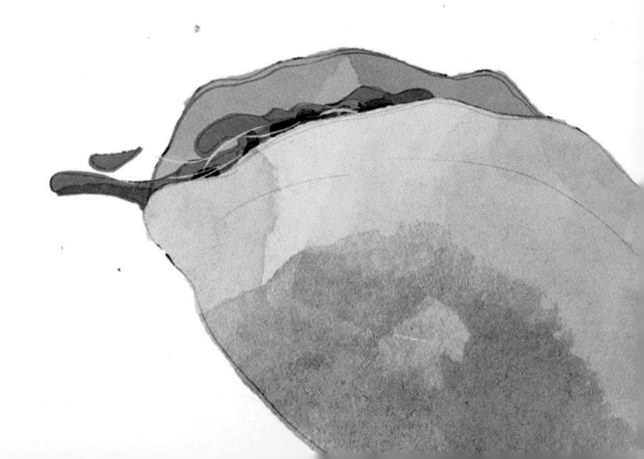

다고 하네요. 바람이 불거나 비가 오면 장사를 하지 않고, 할아버지가 마장(麻将)을 하다가 지는 날에도 장사를 하지 않는다고 해요. 날씨가 맑거나 할아버지의 기분이 좋아서 문을 열게 되더라도, 낮 12시 반이 넘어서야 느긋하게 노란 손수레를 끌고 오시는 할아버지의 모습을 볼 수 있답니다. 영업도 오후 6시까지밖에 하지 않는다고 하네요. 단홍가오를 만드는 아궁이도 2개밖에 없어서 한참을 기다려야 한다고 하고요. 루지 단홍가오 맛보기가 쉽지 않죠? 이곳의 루지 단홍가오는 과이웨이가 맛을 좌우하는데 일반 단홍가오보다 훨씬 더 얇아 정말 바삭바삭하다고 해요. 게다가 재료는 모두 할아버지가 직접 만들기 때문에 안심하고 먹을 수 있답니다. 이처럼 청두에는 별미가 정말 많은데 모두 청두 사람들의 음식에 대한 열정과 관심 때문이겠죠?

허지 단홍가오에 가려 한다면 학생들 하교 시간은 꼭 피하도록 하세요. 가게가 베이징(北京) 제4중학 입구에 있어 시간을 잘못 맞춰 가면 교복 입은 어린 학생들 사이에 서서 기다려야 할지도 몰라요. 허지 단홍가오는 겉은 바삭바삭하고 속은 부드러워서 맛이 정말 좋답니다. 그중에서도 마라 뉴러우(麻辣牛肉)****를 소로 넣은 것이 가장 맛있어요. 샐러드[沙拉] 러우쑹을 넣은 것은 옛날 전통 맛 그대로예요. 아, 이건 꼭 뜨거울 때 드세요. 식으면 맛이 반감된답니다.

궁런춘 루지단홍가오(工人村陸记蛋烘糕) / 허지 단홍가오(贺记蛋烘糕)

인당 4위안

☆☆

과이웨이 시알(怪味馅儿), 즈마바이탕 시알(芝麻白糖馅儿), 마라뉴러우 시알(麻辣牛肉馅儿), 샤라러우쑹 시알(沙拉肉松馅儿)

루지: 金牛区内曹家巷工人村
허지: 青羊区文庙西街1号附8号

허지: 13551890805

루지: 13:00~18:00 / 허지: 11:00~21:00

주머니 가벼운 여행자, 학생, 어린이 입맛 소유자

* 홍탕 츠바: 갈색 설탕 소스를 뿌려 먹는 튀긴 찹쌀떡

** 과이웨이: 신맛, 단맛, 쓴맛, 매운맛, 짠맛 등이 한꺼번에 나는 맛

*** 러우쑹: 돼지, 소 등의 살코기를 가공하여 분말로 만든 식품

**** 마라 뉴러우: 매운 소고기 볶음

018 成都 叶儿粑

예얼바

칭양취(青羊区) 구이화(桂花)의 좁디좁은 골목 입구에는 허름한 찐빵 가게가 하나 있답니다. 이곳의 주메뉴는 찐빵이지만 제가 즐겨 먹는 건 찐빵이 아니에요. 바로 '예얼바(叶儿粑)'로 제가 어릴 때부터 즐겨 먹던 간식이에요. 이것은 잎에 싸인 경단 같은 것인데 매우 상쾌한 향이 나요. 향을 먼저 맡고 나서 예얼바를 한입 깨물면 입가에 육즙이 주르륵~하고 흘러내린답니다. 하지만 신기하게도 전혀 느끼하지 않아요.

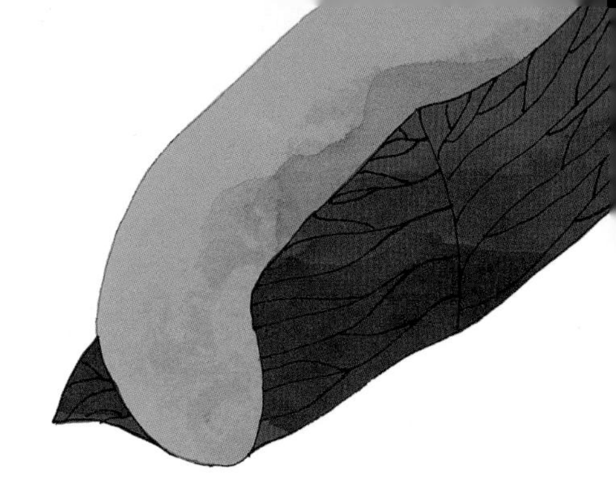

- 라오하오우밍바오쯔(老号无名包子)
- 인당 6위안
- ☆☆☆
- 예얼바(叶儿粑), 단단멘(担担面), 추이샤오(脆绍) 칼국수
- 青羊区长顺上街桂花 골목 어귀
- 주머니 가벼운 여행자, 학생, 어린이 입맛 소유자

찹쌀로 만든 예얼바는 바예(芭叶, 비파 잎)에 싸서 찌기 때문에 찰기가 있고 맑은 향이 나지요~

□ 춘양수이자오(春阳水饺)
ⓜ 인당 11위안
☆☆☆☆
👍 홍유 수이자오(红油水饺)
⚲ 锦江区菱窠路25号[쓰촨(四川)사범대학 북대문 근처]
☏ 028-89913942
🕒 08:40~19:00
☺ 학생

019 成都 春阳水饺 춘양 수이자오

청두 사람들은 명절에 물만두를 먹지 않아요. 그들에게 물만두는 특별한 날에 먹는 음식이 아닌, 그냥 평소에도 자주 먹는 간식 같은 거랍니다. 그래서 그런지 청두 사람들은 다양한 물만두 개발에 관심이 많아요. 그 옛날 광서(光緖) 19년(1893년)에 만들어졌던 '중수이자오(钟水饺)'처럼 말이죠.

중수이자오가 일반 물만두와 다른 점은 오로지 돼지고기만으로 소를 만들고 국물이 없다는 거예요. 그 위에 '특제 홍유(红油, 고추기름)'를 뿌려 먹는 것도 특이하죠. 홍유를 뿌려 먹으면 달콤함 속에 매콤함이 느껴진다고 하네요. 청두에서는 대부분 집에서 직접 수유하이자오(熟油海椒)를 만들어 먹는데, 홍유는 바로 이 수유하이자오를 만들 때 맨 위에 뜬 기름을 걷어낸 거예요. 진액만 모은 것이죠. 제일 맵기는 하지만 향은 아주 좋다고 해요. '춘양 수이자오(春阳水饺)'는 중수이자오만큼 오래되지도, 명성도 그에 미치지 못하지만 홍유의 독특한 향으로 인해서 중독성을 불러일으킨답니다.

수유하이자오는 요리할 때 빠질 수 없는 조미료랍니다. 만드는 노하우를 알고 싶으세요? 지금 바로 184쪽을 펼쳐보세요!

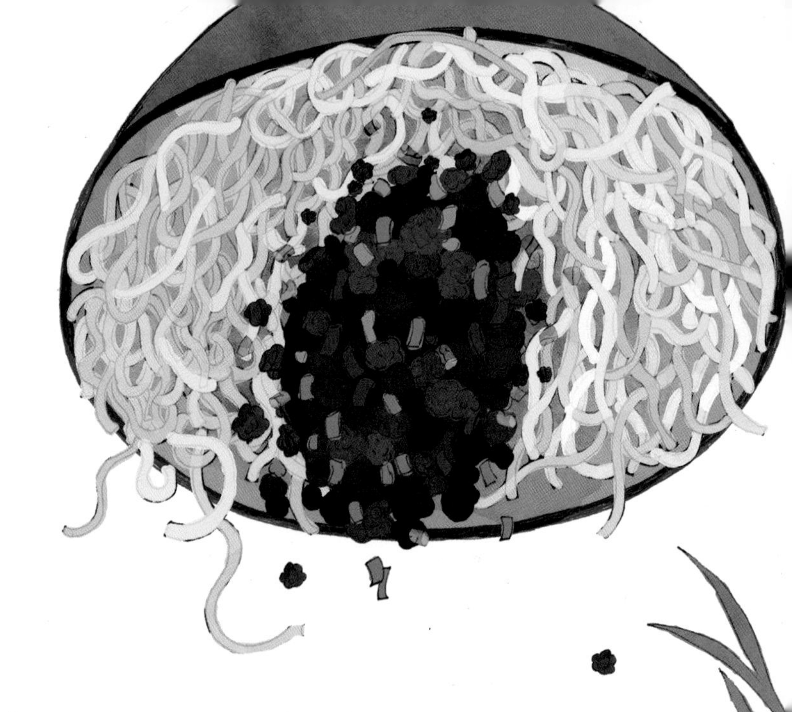

싼성멘

'싼성멘(三圣面)'은 오래된 국수 가게로 청두에서 나고 자란 이라면 어릴 때부터 쭉 즐겨 찾는 곳이에요. 예전에는 진강취(锦江区) 사오넨궁(少年宫) 근처에 있어서 등하교하는 학생들이 습관적으로 들러 국수를 먹곤 했다네요. 그때 그 아이들이 어른이 돼서도 계속 찾아와 지금까지도 장사가 잘된다고 해요. 정이 느껴지는 곳이죠?

이곳의 대표 메뉴는 '수자오 짜장멘(素椒杂酱面)'으로 돼지고기와 장아찌를 잘게 다져서 면과 함께 섞어 먹는 요리랍니다. 면에 물기가 없으며 맵고 얼얼하기까지 하지만 맛은 정말 좋아요! 담백한 맛과 톡 쏘는 맛을 동시에 느낄 수 있어서 청두에서 가장 맛있는 면 요리라는 소문이 났다고 하네요. 하지만 제가 이곳에 들렀을 때는 음식이 너무 늦게 나오는 바람에 몹시 배를 주려야 했어요. 식당 주인은 오래 기다릴수록 더 맛있다는 말만 해댔죠. 순간 식당 주인의 꼬임에 넘어간 느낌까지 들었다니까요. 배가 고픈데 뭐든 맛이 없겠어요?! 배고픈 걸 못 참는 저인지라, 하하. 설마 그때 먹었던 국수 맛의 비결이 굶주림은 아니었겠죠?

싼성멘(三圣面)
인당 8위안
☆☆☆
수자오 짜장멘(素椒杂酱面), 산위멘(鳝鱼面)
锦江区三圣街58号附14号
028-86715761
07:00~20:00
주머니 가벼운 여행자, 학생

무엇보다 싸오쯔(臊子, 고기 고명)가 알짜배기랍니다~

铺盖面 푸가이몐

류지 푸가이몐(刘记铺盖面) 역시 겉모습은 허름한 국수 가게랍니다. 이곳의 '푸가이몐(铺盖面)'은 손으로 면을 쭉쭉 늘려서 만든 국수예요. 생긴 모양이 이불 같다 해서 푸가이몐이라는 이름이 붙여졌다고 하네요. 청두에서는 이불을 '푸가이(铺盖)'라고 부르거든요. 면은 돼지 뼈를 푹 곤 국물에 삶아서 쫄깃쫄깃하며 국물은 진하고 깊은 맛이 난다고 해요. 담백한 짜장(杂酱)이나 매콤한 지짜(鸡杂, 닭 내장)가 먹고 싶다면 이곳을 추천해 드리고 싶네요. 제 입맛에는 이곳의 푸가이몐이 청두에서 제일 맛있는 것 같아요. 물론 영순위는 아니지만요. 히힛~

- 류지푸가이몐(刘记铺盖面)
- 인당 9위안
- ☆☆☆
- 지짜 푸가이몐(鸡杂铺盖面), 짜장 푸가이몐(杂酱铺盖面), 쏸차이러우쓰 푸가이몐(酸菜肉丝铺盖面)
- 金牛区茶店子南街6号附17号
- 주머니 가벼운 여행자

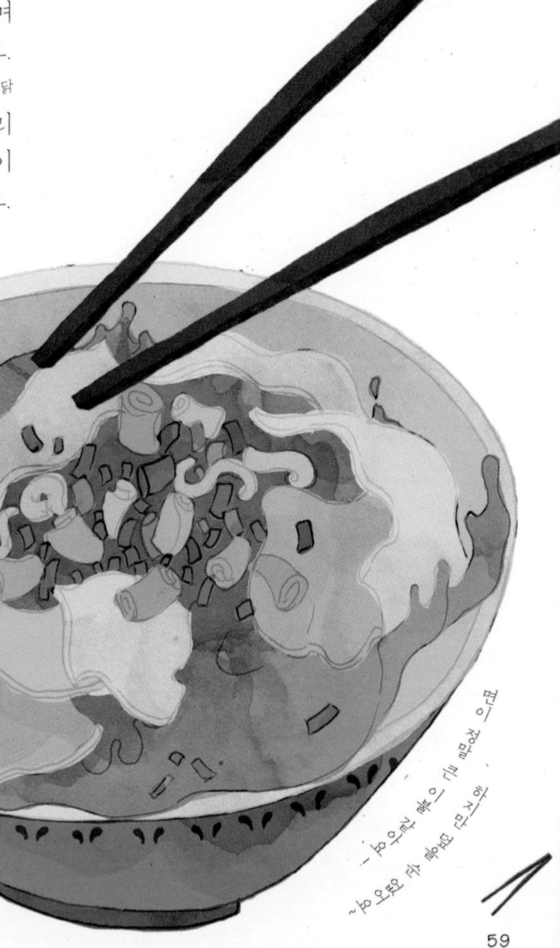

룽차오서우

'룽차오서우(龙抄手)'는 쥔탕(菌汤, 보양탕의 일종)으로 청두에서 몇 안 되는 맵지 않은 음식이에요. 1941년에 청두에서 소규모로 판매되기 시작한 것으로 지금은 라오쯔하오(老子号)* 먹거리계에서 1, 2위를 다투는 음식이 되었답니다.

식품에 유통기한이 있듯이, 맛에도 유통기한이 있다는 말이 있어요. 그래서 어떤 맛은 한 시대에만 잠시 유행하기도 하죠. 게다가 재료나 양에 따라, 심지어 만드는 요리사의 감정에 따라 달라지는 것이 음식 맛이에요. 룽차오서우의 본점은 춘시루(春熙路)** 에 있는데, 일반인들 사이에선 명성이 자자하지만 미식가들은 실망감을 느끼고 있다고 하네요. 모두 앞서 말한 이유 때문이랍니다. 항상 사람들로 북적이는 춘시루에 비해 원수위안(文殊院)*** 가(街)는 비교적 한적한 편이에요. 그래서 오히려 맛의 신선함을 잘 유지할 수 있는 것 같아요. 평가도 좋은 편이고요. 이곳에서 음식을 먹고 있으면 이따금 꽃 파는 할머니가 와 가게 안을 이리저리 돌아다니며 황과란(黄果兰)을 팔곤 하는데, 그러면 음식에 꽃향기가 입혀져 맛이 더욱 좋아진답니다. 향긋향긋~

- 룽차오서우(龙抄手)
- 인당 17위안
- ☆☆☆☆
- 룽차오서우(龙抄手)
- 青羊区文殊院金马街35号
- 028-86927616
- 10:00~21:00
- 주머니 가벼운 여행자, 트렌드세터, 어른 또는 어린이 입맛 소유자

* 라오쯔하오: 대대로 내려오는 전통 있는 가게를 지칭, 일종의 전통 브랜드

** 춘시루: 청두의 명동이라 불리는 중심가

*** 원수위안: 청두 시내에 위치한 불교사원

023 成都

严太婆锅盔 옌타이포 궈쿠이

'궈쿠이(锅盔)'*는 '모(馍)'**의 일종이에요. 고기를 넣은 궈쿠이는 '러우자모(肉夹馍)'***와 비슷하다고 생각할 수도 있지만 실상 전혀 다른 것이랍니다. 궈쿠이는 겉은 매우 바삭하고 안에 넣는 소의 종류도 무척이나 다양해요. '옌타이포(严太婆)'에서 소고기 궈쿠이를 주문하면 즉석에서 소로 들어갈 재료를 섞어주는데 당근채와 줄기죽순채에 당면을 넣고 소고기와 잘 버무리면 맛 좋은 소가 완성돼요. 하지만 제가 제일 좋아하는 것은 '훙탕(红糖) 궈쿠이'예요. 초등학교 시절 하굣길 학교 정문엔 항상 궈쿠이를 파는 할아버지가 있었어요. 그분이 즉석에서 만들어준 따뜻한 훙탕 궈쿠이를 손에 쥐고 한입 베어 물면 훙탕물이 주르륵 흘러나왔답니다. 음~ 그 달콤한 맛이 아직도 잊히지 않아요!

옌타이포궈쿠이(严太婆锅盔)

인당 6위안

☆☆☆

뉴러우 궈쿠이(牛肉锅盔), 훙탕 궈쿠이(红糖锅盔), 싼쓰 궈쿠이(三丝锅盔), 궁쭈이 궈쿠이(拱嘴锅盔)

青羊区人民中路三段19号[원수위안(文殊院)역 K출구 근처]

주머니 가벼운 여행자, 어린이 입맛 소유자

* 궈쿠이: 솥뚜껑 모양의 작은 밀전병

** 모: 고기, 채소 등의 소가 없는 찐빵

*** 러우자모: 빵 속에 고기, 고추 등을 넣어 먹는 일종의 샌드위치 같은 음식

취향저격

1

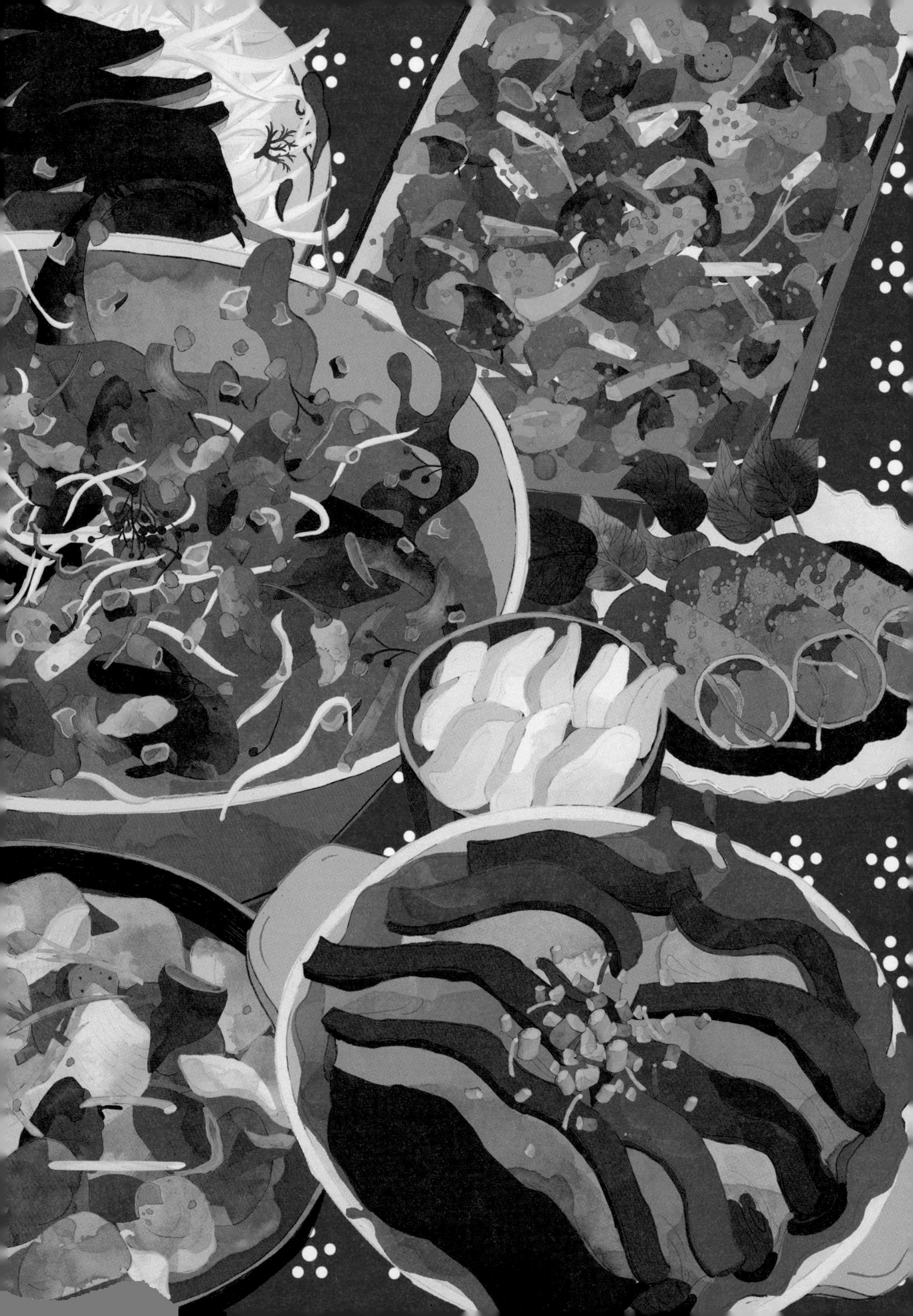

얼징탸오(二荆条)는 쓰촨 특산품인 고추로 쓰촨요리에 빠질 수 없는 재료랍니다.

천마포더우푸(陈麻婆豆腐)
인당 45위안
☆☆☆☆☆
천 마포더우푸(陈麻婆豆腐), 쭈이 더우화(醉豆花), 궁바오지딩(宫保鸡丁), 마오쉐왕(毛血旺)
青羊区西玉龙街197号
028-86754512
11:30~14:30, 17:30~21:00
주머니 가벼운 여행자, 어린이 입맛 소유자

• 천 마포더우푸: 천(진)씨네 곰보 부인의 두부

024 成都 陈麻婆豆腐

천 마포더우푸

오랜 전통의 맛을 대대로 이어온 쓰촨(四川)요리 전문 식당이에요. 전해지는 말에 따르면, 청(清) 왕조 동치(同治) 초년에 가게를 열었는데 주방장이 천춘푸(陈春富, 진춘복)의 아내였다고 해요. 그녀가 요리한 두부는 마라(麻辣) 향이 나면서도 맛이 너무 부드러워서 소문은 삽시간에 퍼져 나갔죠. 어느 날 어떤 이가 천(진)씨의 얼굴에 곰보 자국이 있는 것을 보고 우스갯소리로 '천 마포더우푸(陈麻婆豆腐)'*라 불렀는데 그것이 지금의 이름이 되었다고 하네요.

천 마포더우푸의 특색은 얼얼한 맛에 있어요. 특유의 맛을 내기 위해 그만큼 정성이 많이 들어가는데 예전에는 푸허(府河) 강물로 콩을 갈기까지 했다네요. 그 당시 푸허 강물은 지금과는 달리 아주 맑았죠. 우선 일조량이 많아 최상품으로 자란 둥산(东山)의 고추와 한위안(汉源)의 다훙파오화(大红袍花) 산초를 반드시 사용해야 해요. 여기에 신선한 마늘잎[蒜苗]과 잘게 다진 소고기까지 넣어주어야만 천 마포더우푸의 진정한 맛을 낼 수 있다고 하네요. 참, 두부는 뜨겁게 먹어야 해요. 접시에 담겨 나오는 것은 정통이 아니에요. 천 마포더우푸는 모두 사발에 담죠. 그래야 두꺼운 기름층이 생겨서 보온작용을 해 더 부드럽게 되어 맛있게 먹을 수 있어요. 아셨죠?

市井生活 스징성훠

콴자이샹쯔(宽窄巷子)* 에는 겉보기에는 멋있는 식당들은 많지만 그곳을 찾는 이들은 주로 관광객인 것 같아요. 그렇다면 현지인들은 어디로 갈까요? 바로 콴자이 식당으로 불리는 '스징성훠(市井生活)'로 간답니다. 징샹쯔(井巷子) 8호에 위치한 스징성훠는 입구에 들어서자마자 낡은 가구와 대나무 의자, 나무 걸상 등이 눈에 띄어 농가 분위기가 물씬 난답니다. 전통 쓰촨요리를 전문으로 하는 식당으로 '마쭈이지위(麻嘴鲫鱼, 붕어)' 요리와 갓 잡은 '장어' 요리가 간판메뉴예요. 매운 요리를 주문하고, 여기에 '훙탕 츠바(红糖糍粑)'와 '쑤안차이바 완더우탕(酸菜粑豌豆汤)'** 을 곁들여 먹으면 정말 환상이랍니다!

스징성훠(市井生活)
인당 52위안
☆☆☆☆☆
마쭈이지위(麻嘴鲫鱼), 훠샹산위(藿香鳝鱼)
青羊区宽窄巷子井巷子8号
028-86633618
11:30~20:40
주머니 가벼운 여행자, 외국인, 가족

* 콴자이샹쯔: 청두의 3대 역사문화보호구 중 하나로, 우리나라의 인사동 같은 곳

** 쑤안차이바 완더우탕: 배추 절임, 경단, 완두콩 등을 넣어 끓인 탕

위자추팡

'위자추팡(喻家厨房)'의 음식은 매우 섬세하고 창의적이랍니다. 메인 요리인 '원팡쓰바오(文房四宝)'를 주문하면 붓이 나오는데 붓끝은 먹을 수 있게 만들어졌어요. 겉은 바삭바삭하고 속은 부드럽고 달콤하죠. 먹으면 정말 색다른 느낌이 들 거예요. 하지만 가격은 절대 저렴한 편이 아니니 주머니 사정이 넉넉한 친구와 동행하는 것이 좋을 듯하네요. 이곳엔 쓰촨의 유명한 요리 중 하나인 '카이수이 바이차이(开水白菜)'도 있어요. 이름이 그다지 쓰촨요리답진 않죠? 단순히 배추를 뜨거운 물에 끓여서 만든 게 아니에요. 요즘은 이런 요리를 할 수 있는 식당이 그리 많지 않다고 해요. 맑고 투명한 국물에 몇 조각의 배춧잎이 떠다니고 있어, 첫인상은 실망스러울 수도 있지만 국물 맛은 매우 진하고 뒷맛도 오래간답니다. 오래 푹 곤 사골 국물처럼 말로 표현할 수 없는 특유의 깊은 맛이 느껴지죠.

위자추팡(喻家厨房)

인당 600위안

☆☆☆☆☆

원팡쓰바오(文房四宝), 카이수이 바이차이(开水白菜), 바오위량펀(鲍鱼凉粉)

青羊区下同仁路窄巷子43号

028-86691985

12:00~14:00, 17:30~21:00

주머니가 두둑한 사람, 직장인, 외국인, 가족

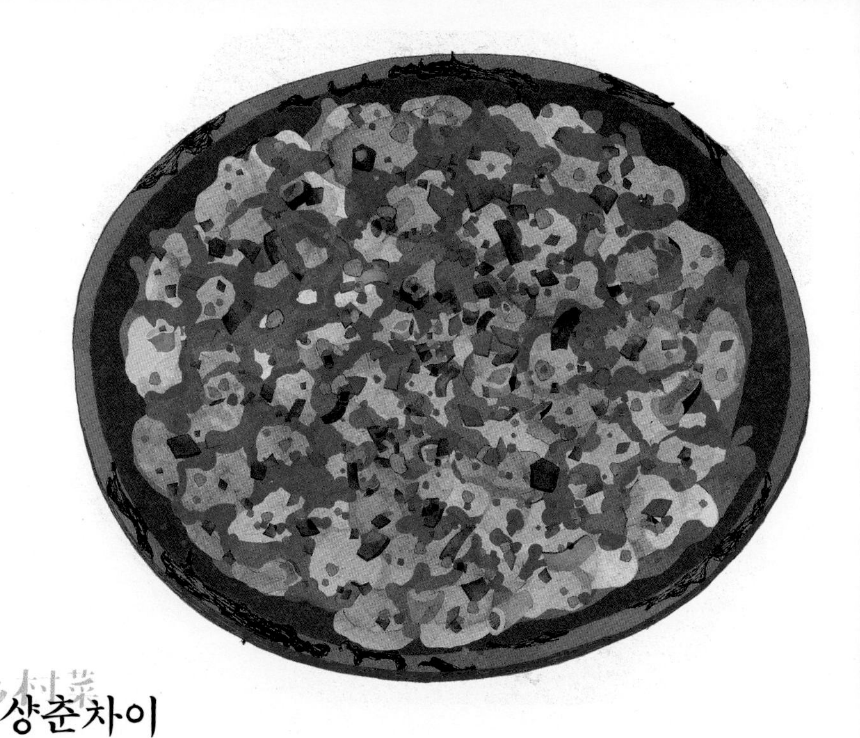

027 成都

乡村菜 샹춘차이

'샹춘차이(乡村菜)'는 투자(土家)*풍의 음식을 파는 곳인데 요즘은 점점 서양풍이 가미되고 있어요. 이곳에서는 '훙샤오칭와(红烧青蛙)'**를 탕츠보보(搪瓷钵钵, 법랑 사발)에 담아서 준다고 해요. 보보(사발)는 옛날에 쓰이던 그릇이지만 여전히 많은 사람이 사용하고 있답니다. 쓸 때마다 할아버지, 할머니 세대를 떠올리게 되거든요. 특히 인기가 많은 것은 탕츠(법랑)로 만든 컵이나 그릇이에요. 저희 할머니께선 제가 어릴 때 사용하던 탕츠 그릇을 아직도 간직하고 계신답니다. 사람의 감정이 때에 따라 변하듯, 음식도 담는 그릇에 따라서 맛이 달라진다고 하죠. 이곳의 음식은 고급스러운 새하얀 접시에 담는 것보다 탕츠보보에 담아 먹는 것이 훨씬 맛있답니다. 한편 샹춘차이의 '샹라지쑤이(香辣脊髓)'***도 정말 맛있어서 저는 이곳에 올 때마다 과식을 하게 돼요. 한 번쯤 근심과 걱정은 잠시 접어두고 고기든 술이든 맘껏 먹어 보는 것도 괜찮겠죠?

- 샹춘차이(乡村菜)
- 인당 71위안
- ☆☆☆☆
- 훙샤오칭와(红烧青蛙), 샹라지쑤이(香辣脊髓), 훙샤오산펜(红烧鳝片), 짜이장지(仔姜鸡)
- 青羊区草堂路街道浣花北路8号国土宾馆
- 028-87360030
- 11:40~13:30, 17:40~20:30
- 하드코어 입맛 소유자, 어린이 입맛 소유자

* 투자(족): 중국 56개 소수 민족 중 하나

** 훙샤오칭와: 개구리에 마늘, 생강, 고추를 넣고 볶은 음식

*** 샹라지쑤이: 소의 골수에 피쉬안 더우반(郫县豆瓣, 168쪽 참고)과 고추를 넣고 볶은 음식

028 成都 银杏 인싱

'인싱(银杏)'은 청두(成都)의 오래된 고급 쓰촨요리 전문점으로 분위기를 내고 싶을 때 가면 좋은 곳이랍니다. 전체적으로 매우 고급스러우며 직원들은 하나같이 늘씬하고 미모가 뛰어난 여성들이어서, 특히 남성분들이 좋아하실 거예요. 음식이 푸짐한 편은 아니지만 매우 정교하게 만들어져서 나온답니다. 이곳의 메인 요리는 장목(樟树) 잎과 찻잎으로 훈제한 오리구이인 '장차야(樟茶鸭)'예요. 고기의 껍질은 부드럽고 기름기가 좀 있지만 전혀 느끼하지 않아요.

- 인싱(银杏)
- 인당 219위안
- ☆☆☆☆☆
- 장차야(樟茶鸭), 카이수이 바이차이(开水白菜)
- 武侯区临江中路12号
- 028-85555588
- 10:00~22:00
- 주머니가 두둑한 사람, 직장인, 외국인

바궈부이

신개념 쓰촨요리를 만드는 '바궈부이(巴国布衣)'는 쓰촨 8대 요리 중 유일하게 '상하이 엑스포(2010)'에 출품을 한 식당이에요. 상당히 고급스러운 곳으로 고풍적인 분위기가 물씬 풍긴답니다. 중요한 누군가를 대접하기에 안성맞춤인 식당이죠. 이곳에서는 쓰촨의 정통 요리를 손님들의 입맛에 맞게 개량시켜 내놓고 있어요. 맵고 얼얼한 맛을 내는 마라의 양을 적당하게 조절하였고, 플레이팅도 다른 쓰촨요리에 비해 세심하게 신경 써 선보이고 있어 보는 재미 또한 빼놓을 수 없어요. 저녁에는 쓰촨만의 특색 있는 공연도 펼쳐지니 비즈니스 만찬을 즐기기에 딱 좋은 곳이랍니다.

- 바궈부이(巴国布衣)
- 인당 118위안
- ☆☆☆☆☆
- 마오쉐왕(毛血旺), 토마토 소갈비, 싼샤 스바오추이창(三峡石爆脆肠)
- 武侯区高新区神仙树南路63号
- 028-85511888, 028-85511999
- 10:00~14:00, 17:00~21:00
- 직장인

030 成都 더우지판

진정한 쓰촨요리를 파는 식당으로 곳곳에 쓰촨 사투리의 잔재가 남아 있어요. 요리 이름부터 정말 재밌답니다. '다판지쉐(打盘鸡血)',* '롼반더우간(乱拌豆干)'** 이라는 이름에서 식당 주인의 발상이 정말 독특하다는 것을 느낄 수 있죠. 그뿐만 아니라 인테리어도 세미 복고풍으로 꾸며져 있어 보는 재미가 남다를 거예요. 만약 어떤 음식을 주문해야 할지 잘 모르겠다면 테이블 위에 있는 '츠지바오뎬(吃鸡宝典)', 즉 '닭 먹는 비법서'를 참고하면 되니 전혀 긴장할 필요 없답니다. 빨리 먹고 가야 한다면 '간편하게 먹는 법'을, 호기심이 많은 사람이라면 닭발을 매운 가루 소스인 화약(火药)에 찍어 먹는 것에 도전해 봐도 좋을 것 같네요. 남들보다 위가 큰 사람이라면 '배불리 먹는 법'을 고를 수도 있겠죠? 말 그대로 입맛대로 골라 먹으면 된답니다.

- 더우지판창훠(斗鸡饭场伙)
- 인당 29위안
- ☆☆☆☆½
- 롼반더우간(乱拌豆干), 보보톈지(钵钵田鸡), 바이허난과(百合南瓜), 바바지좌(粑粑鸡爪)
- 青羊区同心路27号
- 028-86698913
- 12:00~21:30
- 주머니 가벼운 여행자, 어린이 입맛 소유자

* 다판지쉐: '판치는 닭 피'라는 의미로 닭의 피를 넣고 끓인 국

** 롼반더우간: '마구 섞은 더우간'이라는 의미로 말린 두부와 고추에 식초, 참기름을 넣고 버무린 음식

031 成都 滋味烤鱼 쯔웨이 카오위

여러분 뚱뚱한 건 죄가 아니에요! 단지 맛있는 걸 많이 먹었을 뿐이죠. 맞아요, 단지 그것뿐이랍니다.

이곳의 생선구이 요리인 '카오위(烤鱼)'는 살이 찌는 것도 느끼지 못할 정도로 중독성이 매우 강해요. 바삭한 생선 껍질과 담백한 생선살에, 각종 재료의 풍미가 더해져 정말 맛있답니다. 특히 더우츠(豆豉)*에 파인애플을 넣어서 만든 이곳만의 요리는 정말 기발하다고 할 수 있어요. 참, 이 식당의 맛있는 카오위를 먹으려면 인내심은 필수예요. 30분은 기본으로 기다려야 하거든요. 그러니 카오위가 다 만들어질 때까지 술이나 사이드 요리를 먼저 주문해 배고픔을 달래주는 것도 좋을 거예요.

* 더우츠: 불린 콩을 찌거나 끓인 후 발효시켜 만든 조미료의 일종

쯔웨이카오위(滋味烤鱼)
인당 70위안
☆☆☆☆
카오위(烤鱼), 매실주, 흑맥주
青羊区西大街1号新城市广场 지하주차장 출입구
028-61988893
10:00~익일 새벽 02:00
어린이 입맛 소유자, 커플

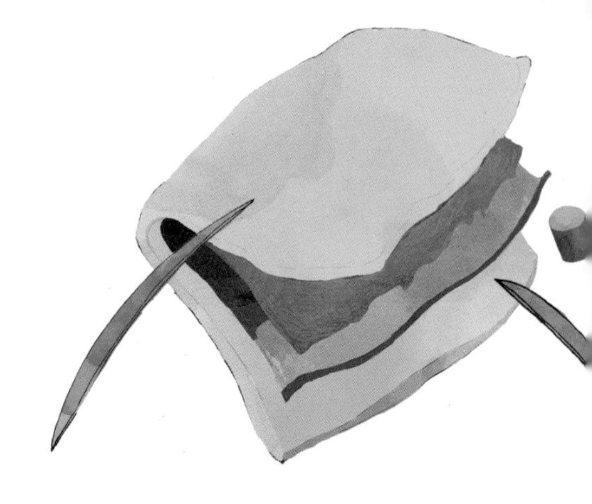

032 成都 鸡茅店 지마오뎬

가게 이름에 '지(鸡)'자가 들어갔다고 해서 이 식당의 메인 요리를 닭 요리로 생각한다면 오산이에요. 그저 원팅쥔(温庭筠)의 시 〈상산짜오싱(商山早行)〉의 한 구절 '지성마오뎬웨, 런지반차오상(鸡声茅店月, 人迹板桥霜)'에서 따온 것일 뿐이에요.

개점한 지 10여 년 된 신개념 쓰촨요리를 파는 곳으로 우허우(武侯) 사당에서 한두 정류장 거리에 있어요. 이곳의 시그니처 메뉴는 '강낭콩 라러우 콩판(四季豆腊肉控饭)'으로 두 사람이 먹어도 다 못 먹을 정도로 양이 정말 많아요. 원래 저는 '라러우(腊肉)'*를 별로 좋아하지 않는데 이곳의 라러우는 이런 저를 매료시킬 정도로 맛있답니다. 볶음밥은 하도 윤기가 자르르해서 만들 때 무슨 특제 돼지기름을 넣는 건 아닌가 하는 의심마저 든다니까요. '훙샤오러우(红烧肉)'와 '투더우니(土豆泥)'** 역시 맛도 좋고 가격까지 저렴하답니다. 실속 만점인 곳이 아닐 수 없어요!

지마오뎬(鸡茅店)

인당 46위안

☆☆☆☆

강낭콩 라러우 콩판(四季豆腊肉控饭), 훙샤오러우(红烧肉), 자오마지(椒麻鸡)

武侯区七道堰街8号

028-85068147

11:30~21:00

주머니 가벼운 여행자, 어린이 입맛 소유자

* 라러우: 돼지고기를 소금에 절인 뒤 말린 것

** 투더우니: 삶은 감자를 으깨어 만든 중국식 감자 샐러드

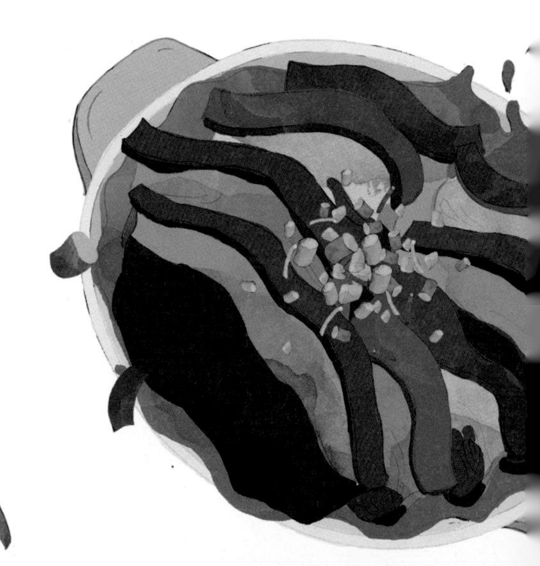

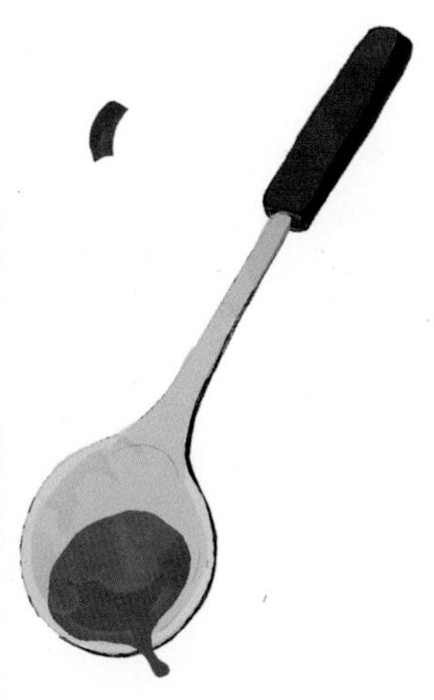

033 成都

清真皇城坝 칭전 황청바

이 식당에 들른다면 "사장님, 여기 대나무 찜통은 빳빳한가요? 국물은 진한 걸로 주세요"라고 주문을 해보세요. 그러면 식당 주인은 '아, 요리 전문가가 왔구나'라고 생각하고 좀 더 신경을 써준답니다. '황청바 뉴러우관(皇城坝牛肉馆)'의 '펀정 뉴러우(粉蒸牛肉)'는 신선한 소고기에 쌀가루를 입혀서 만든 것으로 그 맛이 아주 일품이에요. 또한 토마토 소고깃국은 산뜻한 맛이 매력적인데 소고기와 국물을 함께 먹으면 깊은 맛을 느낄 수 있을 거예요. 이 식당에 오면 줄을 서거나 합석을 하는 것이 다반사지만 누구도 전혀 개의치 않고 즐거운 마음으로 이곳을 찾는답니다. 그런 불편함쯤은 맛으로 충분히 보상받고도 남거든요.

- 칭전황청바 뉴러우관(清真皇城坝牛肉馆)
- 인당 32위안
- ☆☆☆☆
- 펀정 뉴러우(粉蒸牛肉), 뉴러우탕(牛肉汤)
- 武侯区肖家河街2号
- 주머니 가벼운 여행자, 어린이 입맛 소유자

034 成都 鹦鹉叙 잉우쉬

'잉우쉬(鹦鹉叙)'는 이곳만의 분위기가 느껴지는 작은 식당이에요. 내부 인테리어에 세심하게 신경을 쓴 흔적이 보이거든요. 그릇이나 수저는 소박한 멋을 가지고 있고, 테이블과 의자는 복고적인 매력이 있어요. 테이블 위에 놓인 스탠드조차도 문화재 같은 느낌이 든다니까요. 고대 미인도가 걸려 있는 벽면은 고풍스럽지만 전혀 고루해 보이지 않아요. 뭐니 뭐니 해도 가장 눈길을 끄는 건 바로 파란색 앵무새랍니다. 뭐가 그리 즐거운지 목청껏 소리 지르는 모습이 마치 자신이 이 식당의 주인인 것마냥 행세를 하죠.

'쏸니 바이러우쥐안(蒜泥白肉券)'은 이곳의 메인 요리예요. 말아놓은 고기 사이로 저얼건[折耳根, 위싱차오(鱼腥草)]* 잎이 꼬리처럼 삐죽 튀어나와 있어서 그 모습이 참 독특하답니다. 또 다른 대표 메뉴인 '잉우 샤오미라오(鹦鹉小米捞)'**는 '더우탕판(豆汤饭)'***과 맛이 비슷해요. 채소와 초록빛이 도는 찹쌀이 들어 있어서 담백하고 건강에도 좋답니다.

잉우쉬(鹦鹉叙)
인당 80위안
☆☆☆☆☆
쏸니 바이러우쥐안(蒜泥白肉券), 잉우 샤오미라오(鹦鹉小米捞), 지샹위(吉祥鱼)
武侯区外双楠置信路龙阳街52号
028-87028188
10:00~22:00
커플, 트렌드세터, 직장인

* 저얼건: 생선 비린내가 난다 하여 어성초라고도 부름.
** 잉우 샤오미라오: 좁쌀로 만든 죽의 일종
*** 더우탕판: 흰콩과 토종닭을 넣어 만든 국

035 成都

粉彩 펀차이

'펀차이(粉彩)' 앞을 지나칠 때마다 저는 '도자기를 파는 곳인가?'라는 생각을 했어요. 그도 그럴 것이 식당 외벽에 도자기가 쭉 놓여 있거든요. 그렇게 생각할 만도 하지 않나요? 나중에야 비로소 쓰촨요리 전문점이라는 것을 알게 됐죠. 펀차이의 문을 열고 들어서면 한쪽 벽면의 큰 책꽂이에 도자기가 쭉 진열되어 있답니다. 모양이 제각각인 도자기를 한곳에 모아두어 보기가 썩 좋았어요. 입구뿐만 아니라 식당 내부의 벽면에도 큰 책꽂이와 검은색 벽돌담이 곳곳에 설치되어 있어요. 벽돌담에는 도자기로 만든 보살상이 놓여 있고, 그 옆에는 흰 사슴 도자기가 마스코트처럼 서 있죠. 고개를 살짝 쳐들고 있는 모습이 마치 이 식당의 수호신처럼 보였어요. 내부 인테리어 하나하나에서 주인의 세심함이 엿보이는 곳이랍니다.

음식은 정교하게 꾸며진 인테리어만 못했지만 맛깔스럽기는 했어요. 이곳의 시그니처 메뉴는 '펀차이 선마야(粉彩神马鸭)'*인데 식당 주인의 센스가 먹는 재미를 더 해줘요. 음식이 아기자기하죠? 펀차이는 완샹청(万象城) 쇼핑몰 내에 있어서 식사를 한 뒤 영화를 보거나 쇼핑을 하러 가기에 편리하답니다.

- 펀차이(粉彩)
- 인당 65위안
- ☆☆☆☆☆
- 펀차이 선마야(粉彩神马鸭), 땅콩 몐몐빙(绵绵冰)
- 成华区双庆路8号华润万象城4楼456号商铺
- 028-61393036
- 11:30~14:30, 17:00~20:50
- 트렌드세터, 커플, 어린이 입맛 소유자

* 펀차이 선마야: 오리발과 오리 날개를 주재료로 만든 음식

有名无名
유명무명

유명하지만 간판이 없는
식당들이 있어요.

1

험하고 퉁명스러운 식당 주인

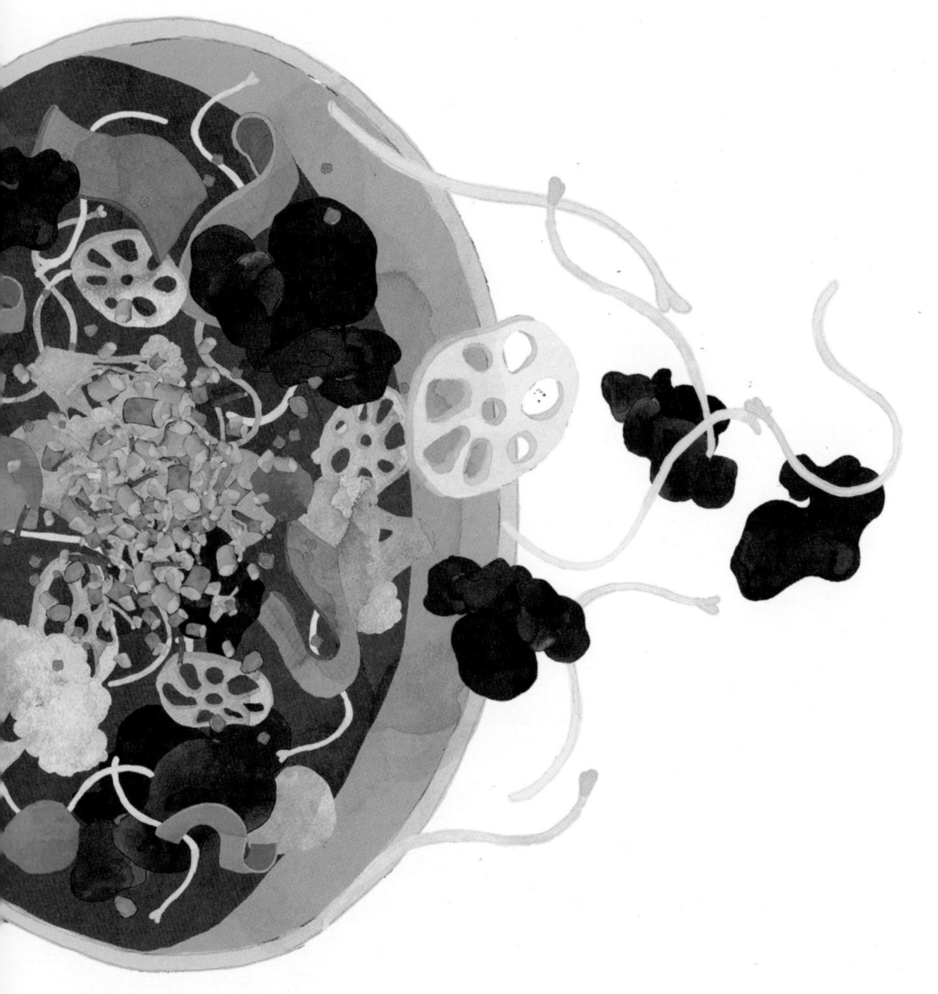

비좁은 데다 찾기도 어려운 식당

1

036 成都 皇城牛肉

황청 뉴러우

- 황청뉴러우라오뎬(皇城牛肉老店)
- 인당 30위안
- ☆
- 펀정 뉴러우(粉蒸牛肉), 뤄보 샤오 뉴러우(萝卜烧牛肉), 뉴러우 후이궈러우(牛肉回锅肉), 뉴짜탕(牛杂汤)
- 青羊区包家巷83号
- 주머니 가벼운 여행자

혹시 지금 런민(人民)공원에 있나요? 그렇다면 이곳을 추천해 주고 싶어요. 먼저 진허(金河)호텔 쪽으로 걸어가서 왼쪽으로 꺾은 뒤 오른쪽을 돌아보세요. 바오자샹(包家巷)이 보일 거예요. 여기서 지나가는 사람 아무나 붙잡고 후이족(回族) 소고기 식당이 어디 있는지 물어보세요. 그럼 다 알려준답니다.

외관이 허름한 이 식당은 간판마저도 대충 만들어 놓은 것 같았어요. 주인이 인테리어하고는 담을 쌓은 모양이에요. 식당 내부에는 큰 테이블 몇 개가 놓여 있는데 항상 자리가 부족해요. 자리가 다 차면 주인이 길가에 간이 테이블을 마련해 준답니다. 일정한 메뉴는 없어요. 그냥 알아서 주문하면 된다고 하네요. 어떻게 주문해야 할지 몰라 주인에게 무슨 요리가 있느냐고 물으면 단 3글자로 대답해 줄 거예요. '정(蒸, 찜), 반(拌, 무침), 사오(烧, 구이)'라고요. 만약 4명이 와서 주문을 하는데 양이 너무 많다고 여겨지면 주인은 이렇게 말할 거예요. "당신들 넷이서 그렇게 많이 먹을 수 있어? 됐어, 그냥 내가 주는 대로 먹어." 낭비하지 말자는 좋은 뜻이니 이런 말쯤은 애교로 들어줄 수 있겠죠? '뉴러우 후이궈러우(牛肉回锅肉, 194쪽 참고)'는 이 집의 별미예요. 소고기는 비계와 살코기가 적당히 섞여 있는 양지머리를 사용해서 느끼함이 전혀 없고, 구운 소고기는 하도 부드러워서 고기가 이 사이에 전혀 끼지 않죠. 이곳에 오면 주인의 시끄러운 청두(成都) 사투리 때문에 음식을 먹는 내내 한시도 조용하지 않을 겁니다. 하지만 작은 식당 특유의 정감은 분명 느낄 수 있을 거예요. 식사를 마치고 전화번호를 알고 싶어서 넌지시 물었지만 주인은 저를 쳐다보지도 않고 손을 휘저으며 "없어, 없어"라는 말만 해댔답니다. 분위기가 조금은 예상이 가죠?

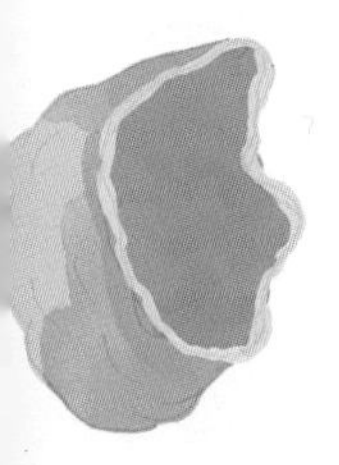

037 成都 江油肥肠

장유 페이창

청두 사람들은 '페이창(肥肠, 돼지곱창)'을 즐겨 먹는데 그 이유에 대해서는 아무도 정확하게 알고 있지 않다고 하네요. 아마 입맛에 잘 맞기 때문이기도 하고 페이창의 효능 때문이기도 할 겁니다. 페이창을 먹는 방법은 다양한데요. 굽거나 삶기도 하고, 데치거나 볶아서 먹기도 해요. 어떤 방법으로 조리해도 페이창 특유의 쫄깃함은 유지된다고 하네요. 매일 먹어도 전혀 물리지 않을 거예요. 제가 제일 좋아하는 건 장유(江油) 페이창으로 만든 '간볜페이창(干煸肥肠)'이에요. 먼저 센 불로 페이창을 볶고, 여기에 마라셴샹(麻辣鲜香)*을 넣어 간이 밸 때까지 충분히 볶으면 끝이랍니다. 레시피만 들어도 정말 먹고 싶어지네요!

- 장유페이창(江油肥肠)
- 인당 27위안
- ☆☆
- 간볜페이창(干煸肥肠), 사오페이창(烧肥肠), 후이궈페이창(回锅肥肠)
- 武侯区肖家河中街26-32号
- 하드코어 입맛 소유자, 주머니 가벼운 여행자

* 마라셴샹: 맵고 알싸한 맛이 나는 조미료의 일종

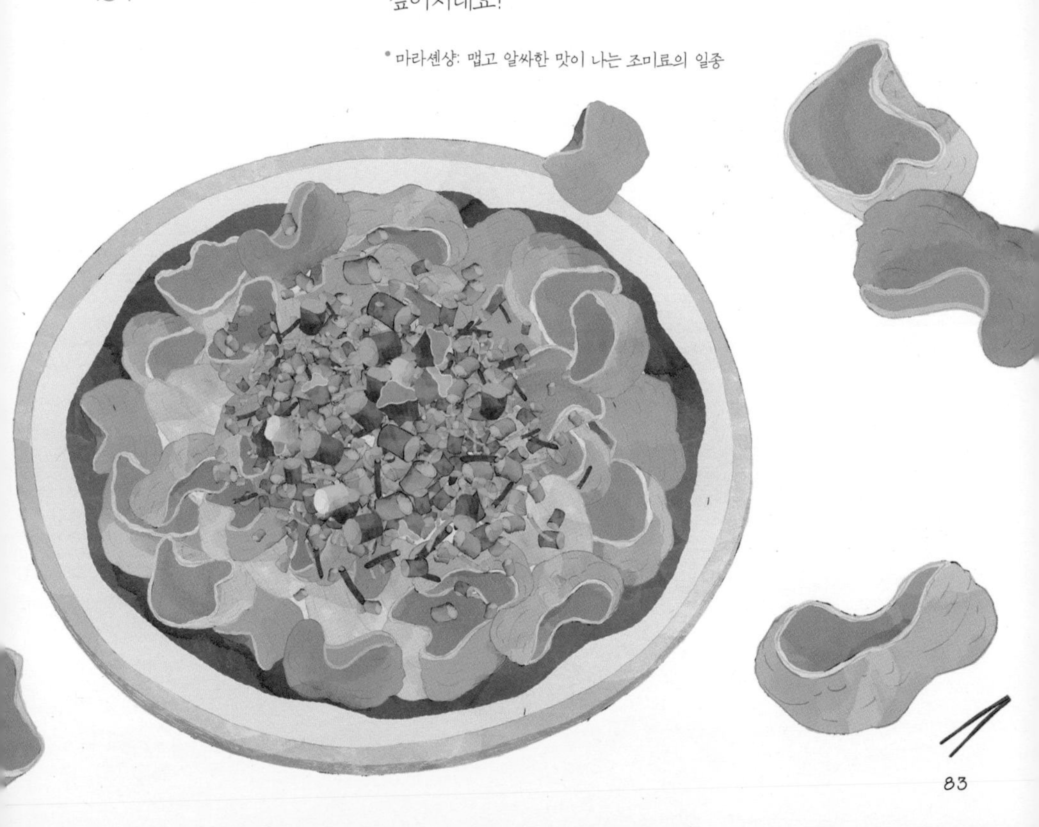

038 成都

바얼신샹 중수이자오

청두말로 '와이(歪)'는 '사납다'라는 뜻이라서 '와이냥냥(歪孃孃)'이라고 하면 사납게 생긴 복덕방 할머니를 상상할 수도 있을 거예요. 이 식당의 주인은 성질도 사납고 기분이 나쁠 때면 고함도 마구 질러서 마치 날 선 칼날 같답니다. 만에 하나 똑같은 말을 반복해서 묻는다면 얼굴색을 확 바꾸고 대꾸도 하지 않을지 몰라요. 사진을 찍어서 인터넷에 홍보를 해주겠다고 해도 딱 잘라 거절한답니다. 이렇게 사나운 태도를 보이는 이유는 아마도 바쁜 것이 싫기 때문일 겁니다. 장사를 더 크게 키울 마음도 없어 보였고요. 참, 이곳에 간다면 주의해야 할 게 하나 있는데 바로 와이냥냥 앞에서 절대 '장사'라는 말을 꺼내지 말아야 한다는 거예요. "내 나이가 벌써 60이 넘었소. 나는 장사하는 사람이 아니니까, 내 앞에서 '장사'라는 말은 하지도 마쇼. 일을 하려면 몸이 건강해야지 않소? 그래야 사람들한테 하나라도 음식을 더 만들어주지. 내가 식당을 주택가에 열어서 찾기가 쉽지 않을 거요. 하지만 나는 사람들이 이곳을 많이 찾지 않았으면 좋겠어. 사람이 많이 오면 힘에 부치니까. 무려 14년 동안이나 장사를 해왔으니 아는 사람은 이미 충분히 많소. 그러니 더는 인터넷인지 뭔지에 사진을 올려서 홍보 따위를 하고 싶지 않아." 와이냥냥의 말투가 퉁명스럽긴 해도 이곳의 만두 맛은 다른 곳에서 파는 '중수이자오(钟水饺)'보다 훨씬 맛있는 것 같아요.

만두는 하나하나 빚어 만든 말 그대로 수제 만두예요. 냉면 맛도 정말 좋아서 이러다간 메인 메뉴가 바뀌는 상황이 생기지나 않을까 걱정 아닌 걱정이 들어요. 사람들이 간혹 이곳의 불친절한 서비스에 아쉬움을 토로하기도 하는데요. 이에 대해 와이냥냥은 이렇게 대꾸했다고 해요. "나는 1등급 고기만 쓰기 때문에 맛에 대해서는 자신 있네. 서비스를 원한다면 다른 데 가서 드시오. 거기가 서비스는 훨씬 좋을 거요. 하지만 거기는 물러터진 고기를 내주겠지. 그래도 사람들은 그딴 고기를 먹고 좋아들 하겠지." 이쯤 되면 그녀의 퉁명스러움에 매료되지 않을 사람이 있을까요?

아줌마를 청두 사투리로 '냥(냥)[孃(孃)]'이라고 해요. 귀엽지 않나요?^^

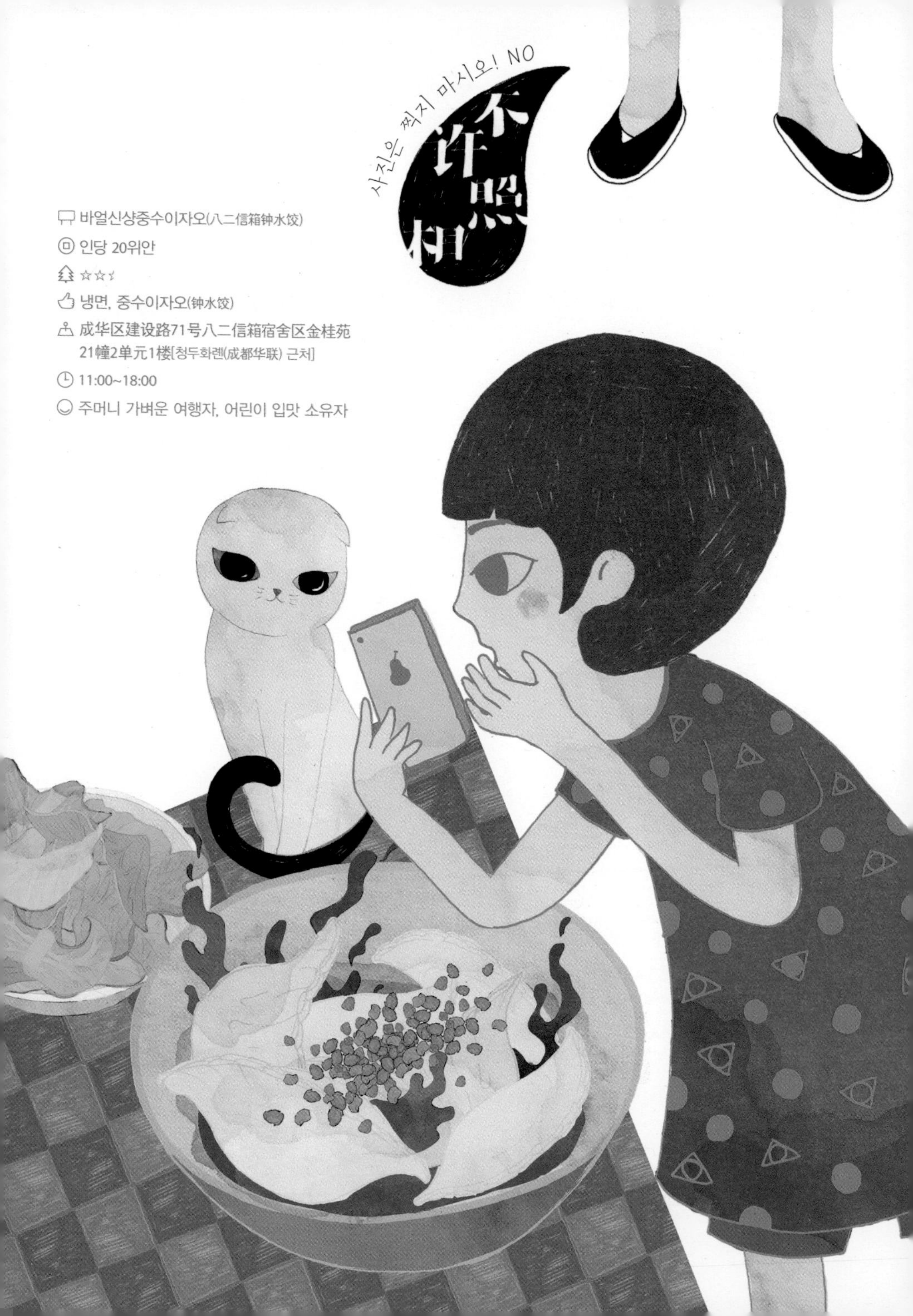

- 바얼신샹중수이자오(八二信箱钟水饺)
- 인당 20위안
- ☆☆½
- 냉면, 중수이자오(钟水饺)
- 成华区建设路71号八二信箱宿舍区金桂苑 21幢2单元1楼[청두화롄(成都华联) 근처]
- 11:00~18:00
- 주머니 가벼운 여행자, 어린이 입맛 소유자

우밍마오차이(无名冒菜)
인당 20위안
마오뉴러우(冒牛肉), 마오안춘단(冒鹌鹑蛋), 마오마오두(冒毛肚), 마오수차이(冒素菜)
青羊区西二道街19号[진서샤웨이(金色夏威夷, 골드 하와이) 근처]
주머니 가벼운 여행자, 어린이 입맛 소유자

039 成都

无名冒菜 우밍 마오차이

여기는 솔직히 말해서 분위기도 별로고 서비스도 엉망이에요. 게다가 이름까지 없죠. 하지만 맛은 물론이고 양 또한 많아서 평가가 좋답니다. 정오 무렵에만 문을 열기 때문에 11시 반쯤에 가도 이미 20~30명이 줄을 서서 기다리고 있을 정도예요. 30분가량 기다렸다면 정말 운이 좋은 거예요. 안타깝지만 1시가 넘으면 문을 닫으니 꼭 기억해 두세요. 이곳을 찾아올 때 최신식 내비게이션 따윈 필요 없어요. 시얼다오(西二道) 입구에만 도착해도 길게 줄지어 서 있는 사람들이 보일 거예요. 그곳이 바로 '우밍 마오차이(无名冒菜)'랍니다.

식당 주인은 청두 토박이로 8년 동안 '마오차이(冒菜)' 장사를 했다고 해요. 마오차이는 사발이 아닌 아주 커다란 양푼에 담겨 나와요. 소(小)자는 작은 양푼에, 대(大)자는 큰 양푼에 담아주죠. 아무튼 양이 너무 많아서 혼자서는 다 먹기 힘들 정도예요. 이곳은 일행이 너무 많으면 자리 잡기가 조금 어려울 수도 있어요. 2~3명이 함께 와서 먹는 것이 적당하답니다. 한편 매운맛은 단계가 나눠져 있어 고를 수 있어요. 약간 매운맛, 중간 매운맛, 초강력 매운맛. 매운맛이 강하기는 하지만 과하지는 않으니 걱정하지 마세요. 마오차이를 주문하면 소금에 절인 소고기와 매끈매끈한 메추리알, 부드러운 빨간 국물도 모두 맛볼 수 있답니다. 그뿐만 아니라 쯔란(孜然)*의 향기와 잘 어우러진 부드러운 천엽도 들어 있어요. 아, 콩나물도 언급하지 않을 수 없네요. 그 아삭한 식감이 마오차이의 풍미를 업그레이드시켜주지요. 메추리알도 살짝 조려둔 것이라 간이 잘 배어 있어요. 참고로 이 식당은 모든 것이 셀프서비스예요. 그리고 특이하게 트럼프 카드를 대기표로 나눠주죠. 이곳에 오면 음식을 받을 때도, 빈자리를 기다릴 때도 줄을 서야 해서 온통 줄을 서지 않는 곳이 없답니다.

* 쯔란: 미나리과 식물 커민의 씨앗으로 만든 향신료

저우쉐왕

- 저우쉐왕(周血旺)
- 인당 29위안
- 페이창 쉐왕(肥肠血旺)
- 大邑县新场镇太平正街6号 근처
- 주머니 가벼운 여행자, 어린이 입맛 소유자

'저우쉐왕(周血旺)'은 다이(大邑) 현에 있는 한 마을에서 파는 돼지내장 선짓국이에요. 이 식당에서는 여전히 흙으로 만든 아궁이와 땔감을 사용하고 있어서 주변 환경이 그다지 좋은 편은 아니랍니다. 하지만 주재료인 돼지 선지는 아주 신선한 것만 쓴다고 하네요. 그래서인지 선홍색으로 윤기가 나고 특유의 비린내가 전혀 나지 않아요. 다 만들어진 요리는 샤오지 보보(烧鸡钵钵)*에 한 그릇씩 담아준답니다. 만드는 방법도 정말 간단해요. 먼저 돼지 선지를 듬성듬성 썰어서 가마솥에 넣고 삶아줍니다. 여기에 돼지내장, 하이자오가루(海椒面), 산초가루를 적당히 집어넣고 기름을 살짝 둘러서 볶아주면 완성이에요. 이곳은 손님이 너무 많아서 주인이 정신없이 바쁘니, 정 배가 고프다면 직접 날라다 먹는 것도 한 방법이에요.

* 샤오지 보보: 대접(사발)을 일컫는 청두 사투리

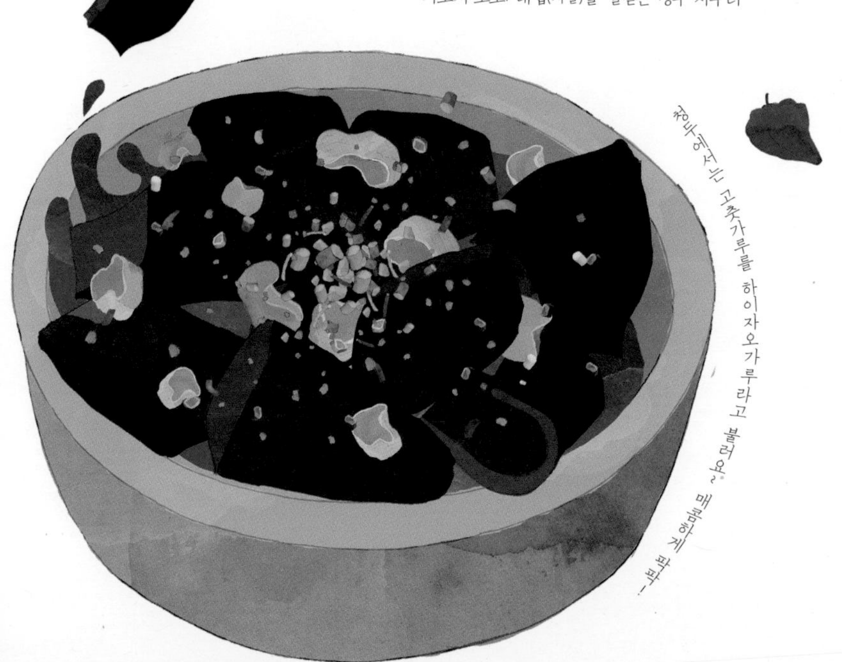

소곤거리다

마이자

- 마이자(蚂蚁揸)
- 인당 41위안
- ☆☆☆☆
- 양즈간루(杨枝甘露), 망고 반지(芒果班戟)
- 武侯区玉林西路165号附16号
- 028-85187250
- 12:00~24:00
- 트렌드세터, 커플

* 양즈간루: 코코넛밀크에 망고, 타피오카 등을 넣어 만든 디저트 음료

'마이자(蚂蚁揸)'는 청두(成都)의 한 귀여운 먹보 아가씨가 연 가게랍니다. 이곳이 어쩌면 청두 최초의 디저트 가게일지도 몰라요. 처음 가게를 열었을 때는 손님이 없어서 파리만 날렸다고 해요. 하지만 이 의지의 청두 아가씨는 포기하지 않고, 열심히 홍콩식 디저트를 개발해 오늘날의 성공을 이뤄냈죠. 전체적인 분위기는 심플하고 깔끔한 편이에요. 가게 자체가 크지 않기 때문에 어쩌면 약간 비좁아 보일 수도 있어요. 하지만 시간 날 때 친구들과 삼삼오오 어울려와, 달콤한 디저트를 먹으며 시시껄렁한 수다를 떨기에는 그만이랍니다. 아마 몸과 마음에 쌓인 스트레스가 확 풀릴 거예요.

이곳의 디저트 메뉴 중 하나인 '양즈간루(杨枝甘露)*'는 3종류의 맛이 있어요. 망고가 들어간 것은 달콤하고, 동글동글한 완자가 들어간 것은 보기에도 앙증맞아 먹기 아까울 정도랍니다. 통통하게 생긴 '망고 반지(芒果班戟)'도 무척 맛있어요. 칼로 자르면 크림이 한가득 흘러나오고, 그 크림 속에는 망고 덩어리가 떡 하니 들어 있죠. 살짝 새콤한 맛이 느껴지기는 하지만 맛은 정말 끝내줘요!

안웨이타(安薇塔)

인당 120위안

☆☆☆☆☆

빅토리아 장미수, 영국식 밀크티(奶茶), 오렌지 제국(香橙帝国), 과실차, 수제 쿠키

武侯区科华中路9号王府井百货2楼

트렌드세터, 커플

安薇塔 안웨이타

'안웨이타(安薇塔)'는 넓은 공간의 고급스러운 분위기를 자아내는 영국식 찻집이에요. 흡사 궁전처럼 꾸며진 이곳에 오면 왕자나 공주가 된 착각에 빠질지도 몰라요. 그만큼 인테리어가 인상적이랍니다. 찻집에 들어서면 맨 먼저 짙은 '화과차(花果茶)' 향기가 코끝을 자극해요. 차를 담아 오는 찻잔에는 꽃무늬가 정교하게 장식되어 있어서 한껏 우아하게 멋 부리며 차를 마실 수 있을 거예요. '빅토리아 장미수'를 주문하면 목이 길고 투명한 물병에 담아주는데 장미 꽃잎이 살짝 띄워져 있어 향기가 매우 그윽하답니다.

043 成都

绘咖啡 후이카페이

'후이카페이(绘咖啡)'는 U37 창이창쿠(创意仓库) 거리에 있는 카페로 베이징(北京)에 있는 798 예술의 거리와 비슷한 곳이에요. 798 예술의 거리보다 예술적 감각은 다소 부족하지만 편안한 느낌은 받을 수 있을 거예요. 카페 건물은 수많은 초록빛 다육식물들로 둘러싸여 있어요. 시간이 허락된다면 카페의 창가 쪽 소파에 몸을 기대앉은 채, 따사로운 햇볕에 몸을 맡겨 보는 것도 좋답니다. '헤이썬린(黑森林) 모카커피'를 마시든, '재스민 백합차'를 마시든 이곳에 어울리지 않는 메뉴는 없을 거예요. 후이카페이에서 초록빛의 다양한 식물들을 눈에 담고, 예술적인 음식들을 맛보면서 눈과 입의 호사를 동시에 누려보세요!

- 후이카페이(绘咖啡)
- 인당 36위안
- ☆☆☆☆☆
- 헤이썬린(黑森林) 모카커피, 재스민 백합차, 후이카페이(绘咖啡), 예나이카페이둥(椰奶咖啡冻)
- 锦江区水碾河南3街37号U37创意仓库2栋1号
- 028-86009244
- 10:00~24:00
- 트렌드세터, 커플

044 成都

미왕수

- 미왕수(蜜望树)
- 인당 31위안
- ☆☆☆☆☆
- 쉐리루후이 샤오칭신(雪梨芦荟小清新), 훙잉타오(红樱桃) 치즈케이크
- 金牛区一环路北三段1号 완다(万达)광장 보행도로 W5-A 상점
- 028-83173212
- 09:30~22:30
- 젊은이들, 트렌드세터, 커플, 식견을 넓히고자 하는 사람

'미왕수(蜜望树)'는 젊은 친구들 사이에선 꽤 알려진 유명한 디저트 카페예요. 파스텔톤의 청록색으로 꾸며진 이 카페에 들어서면 제일 먼저 커다란 실내장식용 하얀 나무가 눈에 확 들어온답니다. 내부는 앙증맞은 테이블과 푹신한 의자로 아기자기하게 잘 꾸며져 있죠. 이곳에 오면 청두의 슬로우 라이프를 경험할 각오를 단단히 해야 해요. 왜냐하면 음식이 아주 늦게 나오거든요. 제가 이곳을 찾는 이유 중 하나죠. 늦게 나오는 만큼 음식에 정성이 더 들어가는 거라 생각해요. 그래서 이곳의 '부뎬(布甸)'은 만드는 데 30분이나 걸린답니다. 하지만 바삭한 토스트 위에 올려진 부드러운 아이스크림을 한입 먹으면 차가운 맛과 따뜻한 맛의 오묘한 조화에 빠져들어 오랜 기다림은 다 잊힐 거예요. '쉐리루후이 샤오칭신(雪梨芦荟小清新)*'은 투명한 유리 다기(茶器)에 담겨 나와서 훨씬 더 멋스러워 보인답니다. 작은 촛불이 켜진 테이블에서 따뜻한 차 한 잔을 마시고 나면 꽤 오랜 시간 내내 따사로운 온기가 주변에 머물러 있을 거예요. '리즈위루(荔枝玉露)**' 또한 빼놓을 수 없는 메뉴예요. 옛날에 먹던 톡톡 캔디가 들어 있어서 어릴 적 기억이 새록새록 돋아나거든요. 이런 게 행복이겠죠?

* 쉐리루후이 샤오칭신: 배의 일종인 설리(雪梨)와 알로에를 넣어 만든 음료

** 리즈위루: 여지(荔枝)를 넣어 만든 음료

小酒馆 샤오주관

문득 술 한잔이 마시고 싶은데 시끌벅적한 주점에 싫증을 느꼈다면 이곳을 추천해 드리고 싶어요. '샤오주관(小酒馆)'은 감각적인 분위기의 주점이에요. 벽에는 온통 록(rock)풍의 장식들이 걸려 있는데, 사람들 말에 따르면 이곳에서 청두의 록이 시작됐다고 하네요. 청두의 로커들이 반드시 거쳐 가야 할 성지 같은 곳이라 할 수 있겠네요. 이곳은 저녁에 친구 몇몇과 술 한잔 기울이며 편하게 담소를 나누기에 제격이에요. 만약 공연 보는 것을 좋아한다면 팡친(芳沁)점으로 가면 돼요. 공연 프로그램은 '더우반왕[豆瓣网, douban.com(웹사이트)]'에 자세하게 나와 있답니다.

- 샤오주관(小酒馆)
- 인당 47위안
- ☆☆☆☆½
- 칭다오 위안장(青岛塬浆), 바이리톈(百利甜)
- 武侯区玉林西路55号
- 028-85568552
- 18:30~익일 새벽 02:00
- 트렌드세터, 젊은이들, 커플, 어린이 입맛 소유자

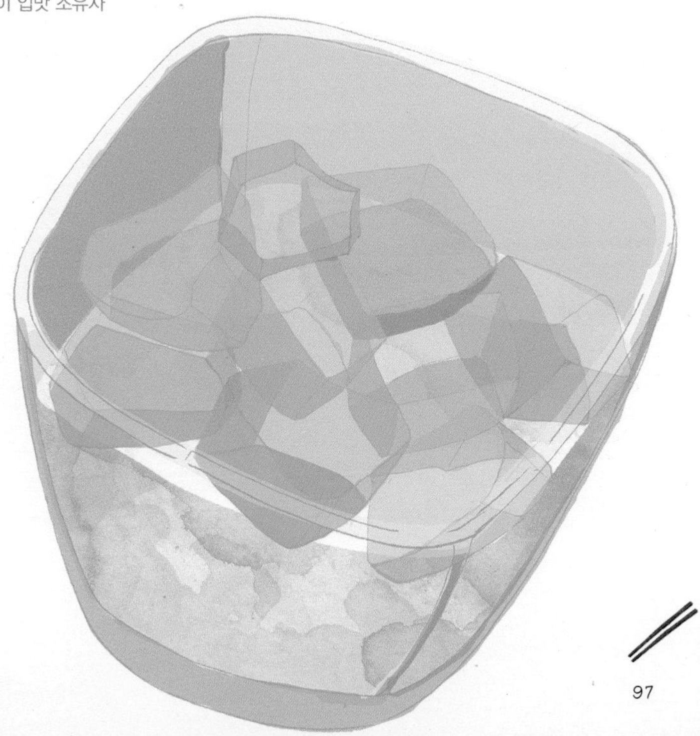

윈지

잡화점의 본 모습을 그대로 잘 살린 가게예요. 주인이 목제품을 무척 좋아해서 가게 안은 온통 목제품 천지랍니다. 참고로 주인의 전직이 심리학과 교수였다고 하네요. 그래서 가게 한쪽 공간엔 심리치료에 사용하는 모래 상자와 모형 인형들도 즐비해 있어요. 가게에서 파는 물건 중 일부는 동남아에서 공수해 온 것, 일부는 주인이 직접 만든 것이라고 하네요. 특히 심리치료실에 있는 줄무늬 의자는 주인이 직접 아크릴 칠을 해서 엔틱 분위기를 냈다고 해요. 물건은 모두 가격이 매겨져 있지만 아무에게나 팔지 않아요. 정말 그 물건을 아끼는 사람에게만 기회가 주어지죠. 여러분이 진심으로 물건을 필요로 하지 않는 것 같으면 설령 더 비싼 값을 불러도 절대 팔지 않을 겁니다. 한번은 한 스탠드에 많은 사람이 눈독을 들였다고 해요. 하지만 주인은 30여 명이 넘는 손님들을 모두 거절하고, 38번째 손님에게 팔았다고 하네요. 정말 대단하죠?

가게에서 파는 차는 모두 주인이 직접 따온 것이에요. 게다가 차를 구매할 경우엔 직접 그림을 그려 넣은 포장지로 싸준다고 하네요. 차 한 잔 주문해 놓고, 가게 안을 여기저기 다니며 각종 물건을 구경해 보세요. 즐거움이 배가 될 거예요.

- 윈지잡화점(云集杂货店)
- 인당 20위안
- ☆☆☆☆☆
- 윈지의 추천메뉴, 자연의 눠미샹(糯米香), 판다 펑미수이(蜂蜜水), 스페셜 밀크티
- 青羊区焦家巷25号附3号
- 15881117894
- 12:00~21:30
- 트렌드세터, 젊은이들, 커플

047 成都

황스궁위안

荒石公园

산뜻한 자연의 향이 느껴지는 커피숍이랍니다. 이곳에 오면 '판퇀(饭团)'이라고 불리는 귀여운 고양이를 볼 수 있어요. '주먹밥'이란 뜻인데 이름이 정말 귀엽지 않나요? 이 고양이는 온종일 커피숍 안을 어슬렁거리거나 늘어지게 낮잠을 자곤 한답니다. 가게는 좀 외진 곳에 있지만 찾는 사람들이 꽤 많아요. 아무래도 골목 가득 배어 있는 커피 향을 맡고 찾아오나 봐요. 가게에 들어서면 가장 먼저 큰 장식용 나무가 보이고, 벽면에 장식된 각종 나비가 눈길을 사로잡죠. 주문할 때 '펀짜이(盆栽, 분재)커피'와 '치즈케이크'를 함께 시켜보세요. 케이크 한 조각에 커피 한 모금 마시면서 느긋한 오후를 만끽해 보는 것도 좋을 거예요.

- 황스궁위안 커피숍(荒石公园咖啡馆)
- 인당 34위안
- ☆☆☆☆☆
- 펀짜이(盆栽)커피, 치즈케이크, 티라미수, 구이화(桂花) 치즈케이크, 허브차, 장미밀크티
- 青羊区长顺下街红墙巷24号附11号
- 15881067823
- 13:00~22:30
- 젊은이들, 트렌드세터, 커플, 식견을 넓히고자 하는 사람

끊을 수 없어

이건 도저히, 정말,
끊을 수 없다고!

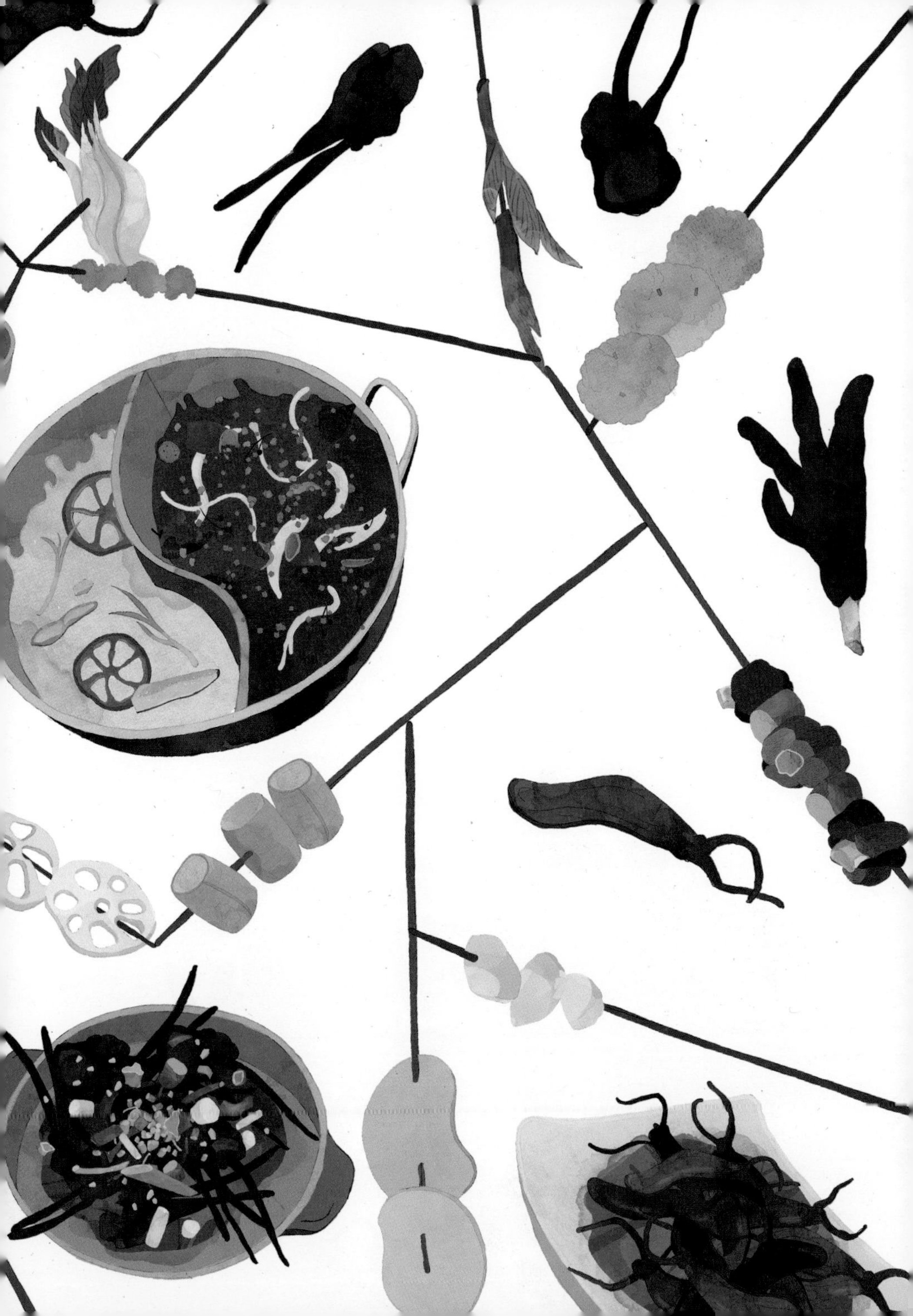

048 成都 張麻辣 장마라

춘시루(春熙路)를 따라 시난(西南)서점 쪽으로 가서 싼성가(三圣街)를 끝까지 걸어가면 '장마라(张麻辣)'가 나와요. 가게는 작지만 음식의 종류는 매우 다양하답니다. 가게 안의 진열대에는 다양한 '루차이(卤菜)*'가 산처럼 쌓여 있어요. 푸짐한 음식들을 본다면 절로 즐거운 비명이 나올 거예요. 오리 머리, 토끼 머리, 지좌좌(鸡爪爪, 닭발), 야자오자오(鸭脚脚, 오리발), 닭 날개 등이 눈앞에 쫙 펼쳐져 있어서 연신 침을 삼키지 않을 수 없답니다. 지좌좌에는 고추나 산초 같은 것이 첨가되는데 아마도 수육처럼 푹 삶은 후 한 번 더 볶아서 만든 것 같아요. 그래서인지 먹을수록 더욱 감칠맛이 나요. 지좌좌는 한가할 때 영화 한 편 보면서 심심풀이로 먹기에 딱 좋은 것 같아요. 흔해 빠진 팝콘이나 감자튀김 따위를 먹는 것보다 백 배는 나을 거예요. 어쩌면 영화보다 지좌좌의 매력에 더 빠져들지도 몰라요.

이 가게는 50년에 가까운 역사를 가지고 있어요. 맨 처음에는 칭스차오(青石桥)에서 시작했다고 하네요. 이곳에서 깔끔한 진공포장 같은 건 기대하지 마세요. 다 무슨 소용이에요? 대충 봉지에 담아가서 친구들과 맛있게 나눠 먹으면 그걸로 'Goooooooood' 아닌가요?!

* 루차이: 훈채. 소금물이나 간장에 오향 등을 넣고 졸인 고기나 생선 요리

장마라(张麻辣)

인당 20위안

☆☆☆

루지좌좌(卤鸡爪爪), 루투터우(卤兎头), 쑤안니 바이러우(蒜泥白肉)

锦江区三圣街12号[사마오가(纱帽街) 근처]

주머니 가벼운 여행자, 하드코어 입맛 소유자, 어린이 또는 어른 입맛 소유자

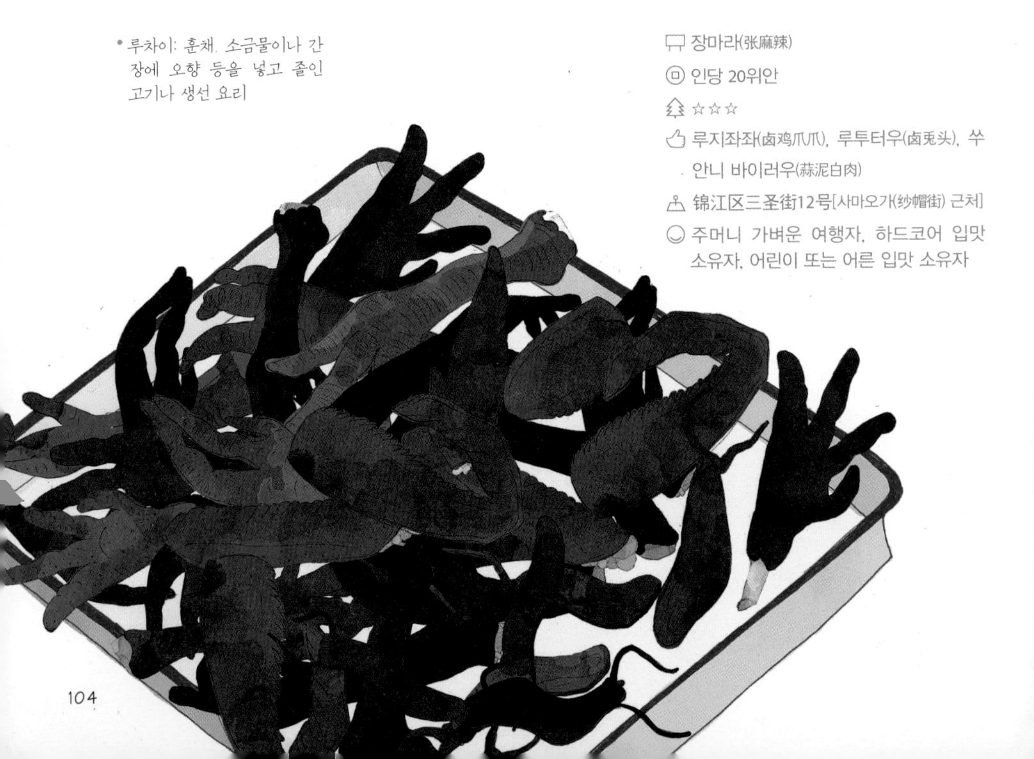

이런, 영화보다
지좌좌의 매력에
더 빠져들겠는 걸?

049 成都

캉얼제 촨촨샹

康二姐串串香

'캉얼제(康二姐)'는 단연코 청두(成都) 제일의 소고기 꼬치집이라 할 수 있어요. 맛이 좋다고 소문이 나서 후난(湖南) 위성TV에도 소개된 적이 있다고 해요. 그 위세가 얼마나 대단할지 짐작하시겠죠? 가게 주인은 그 명성에 걸맞게(?) 성격이 아주 꼬장꼬장하다고 하네요. 가게를 1년에 8개월 정도만 여는데 학생들 방학처럼 여름과 겨울에는 아예 문을 열지 않고, 한 번 쉴 때는 방학보다 훨씬 더 길게 쉬니 때를 잘못 맞춰 갔다간 문전박대당하기 십상이니 주의하세요.

이곳에서 파는 꼬치는 굉장히 강한 맛이 나는데, 특히 오리 혀는 정말 맵고 얼얼하죠. 이래서 더우나이(豆奶, 두유)를 꼬치의 영원한 동반자라고 하나 봐요. 냉차나 그런 것들은 아무 소용이 없어요. 더우나이만 있으면 돼요. 또 다른 메뉴인 바삭바삭한 '페이빙(飞餅)'*도 달콤한 것이 별미랍니다. 이렇게 모든 음식이 다 맛있으니 장사가 잘될 수밖에요. 어때요, 꼭 한번 맛보고 싶죠? 그럼 마음의 준비를 단단히 하고 오세요. 어떤 준비냐고요? 줄을 서서 기다릴 준비말예요!

- 캉얼제촨촨샹(康二姐串串香)
- 인당 50위안
- ☆☆
- 야서(鸭舌, 오리 혀), 페이비얼(飞餅儿), 나오화(脑花)
- 锦江区中道街99号附32号
- 13018231143
- 11:30~20:00
- 하드코어 입맛 소유자, 어린이 입맛 소유자, 주머니 가벼운 여행자

* 페이빙: 얇게 핀 반죽에 다양한 재료를 넣고 말아 구워 낸 것

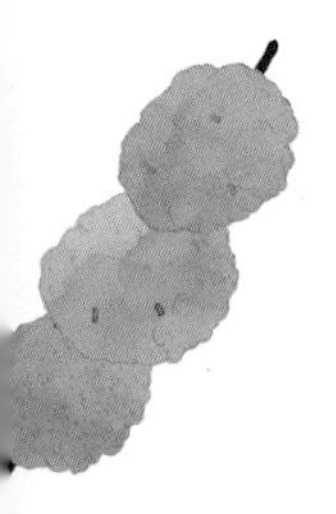

050 成都

위린 촨촨샹

위린(玉林) 쪽에 꼬치로 유명한 가게가 있다는 것을 예전에는 미처 알지 못했어요. 안타까움이 이만저만이 아니었죠. 알게 된 이후로 몇 번을 갔었는지, 정말이지 셀 수 없을 정도로 뻔질나게 드나들었던 것 같아요. 이곳은 청두의 진정한 본 모습을 엿볼 수 있는 가게랍니다. 식당에 들어서면 제일 먼저 공기를 가득 채운 하이자오가루(海椒面) 향을 맡을 수 있을 거예요. 미끌미끌한 바닥에 '첸첸(签签)'이 어지럽게 널려 있는 것도 볼 수 있고요. 아참, 첸첸이 뭐냐고요? 청두 사람들은 꼬치를 첸첸이라고 한답니다. 다소 복잡해 보이는 분위기에 거부감을 느끼진 마세요. 제가 맛만큼은 보장해요!

이 식당은 한쪽 벽면에 모든 꼬치를 차곡차곡 진열해 놓았어요. 이 중에서 '마라 뉴러우(麻辣牛肉)', '마라 샤오쥔간(麻辣小郡肝, 닭 모래집)'이 가장 인기가 있어요. 이외에도 '마오두(毛肚, 천엽)', '황허우[黄喉, 소나 돼지의 심관(대동맥)]', 그리고 윤기가 좔좔 흐르는 '사오펀(苕粉)'* 등 각종 꼬치가 있답니다. 여기는 모든 것이 셀프예요. 직접 가져다 먹고 계산도 직접 하죠. 찍어 먹는 소스로는 참기름 소스와 가루 소스가 있어요. 참기름 소스에는 꼭 마늘을 넣어야 해요. 맵게 느껴진다면 식초를 조금 넣어주면 되고, 좀 달게 먹고 싶다면 굴 소스를 약간 첨가하세요. 가루 소스에는 산초가루, 고춧가루, 참깨, 땅콩이 들어 있어서 향긋하면서도 매콤한 맛이 정말 끝내준답니다.

- 위린촨촨샹(玉林串串香)
- 인당 52위안
- ☆☆☆
- 소고기, 쥔간(郡肝), 마오두(毛肚), 황허우(黄喉)
- 武侯区玉林街26号附23号
- 028-85580723
- 학생, 어린이 입맛 소유자, 주머니 가벼운 여행자

* 사오펀: 고구마 전분으로 만든 당면

051 盘飧市 판쑨스

이 식당 이름의 가운데 글자는 어떻게 읽을까요? 아마 제대로 읽는 사람이 거의 없을 거예요. 쓰촨(四川) 사람 중 99%는 '판찬스(盘cān市)'라고 읽을 겁니다. 하지만 정확한 발음은 '판쑨스(盘sūn市)'예요. 이곳은 90여 년의 역사를 지닌 전통 있는 쓰촨요리 전문점으로 직원들의 태도에서도 오랜 전통이 절로 묻어 나오는 것 같아요.

판쑨스에서는 청두의 명물인 '옌루웨이(腌卤味)*'를 팔고 있어요. 앞에서 소개한 장마라가 라루(辣卤)**로 유명하다면 이곳은 샹루(香卤)***로 유명하죠. 특히 '루러우바이멘 궈쿠이(卤肉白面锅盔)****'의 맛은 정말 끝내줘요. 포장해 가서 먹어도 맛은 똑같이 좋답니다. 만약 '루러우(卤肉) 모둠요리'를 시킨다면 토끼고기, 갈비, 주두(猪肚, 돼지 위), 주궁쭈이(猪拱嘴, 돼지 코)를 모두 맛볼 수 있을 거예요. 뭐니 뭐니 해도 가장 잘 팔리는 것은 진빵인 '바오쯔(包子)'예요. 매일 오후 4시에 팔기 시작하는데 3시만 돼도 기다리는 줄로 진풍경이 펼쳐진다고 하네요. 일단 팔기 시작하면 30분 만에 동이 나 버리며, 운 좋게 살 수 있다고 해도 한 사람당 최대 10개밖에 사지 못한답니다.

판쑨스(盘飧市)

인당 45위안

☆☆☆☆☆

루러우 궈쿠이(卤肉锅盔), 루러우(卤肉) 모둠요리, 루야서(卤鸭舌)

锦江区华兴正街64号

028-86750609

11:30~14:00(중식), 17:30~21:00(석식), 09:30~18:00[루차이(卤菜)]

어린이 입맛 소유자, 주머니 가벼운 여행자, 가족

* 옌루웨이: 소금이나 간장을 넣고 졸인 고기 요리

** 라루: 고추를 넣어서 매콤한 맛이 나는 루차이

*** 샹루: 향이 강한 루차이

**** 루러우바이멘 궈쿠이: 졸인 고기를 궈쿠이에 끼워 넣어 먹는 요리

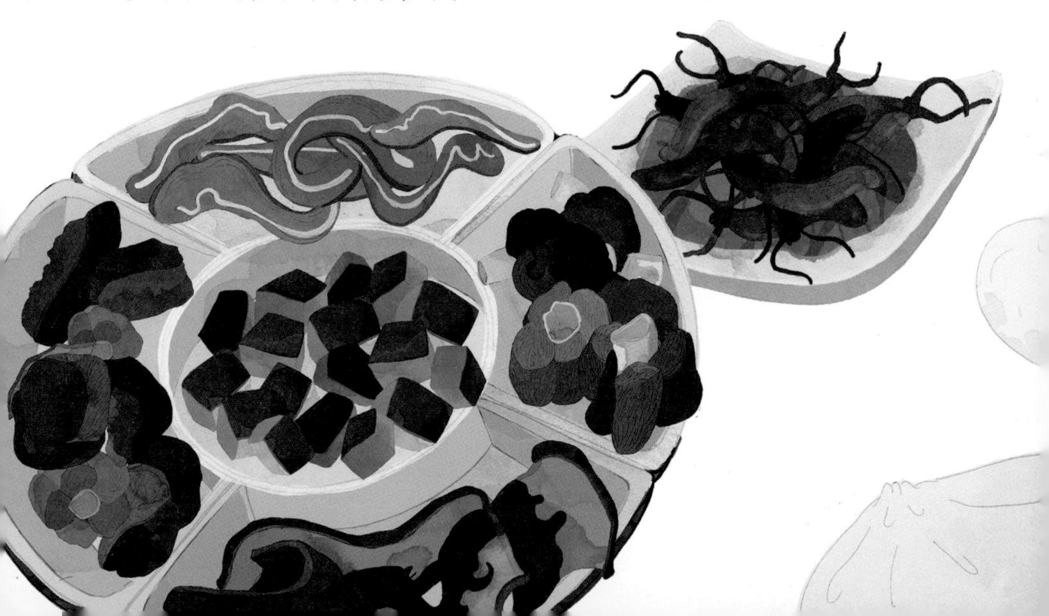

052 成都

차오이차오 투터우

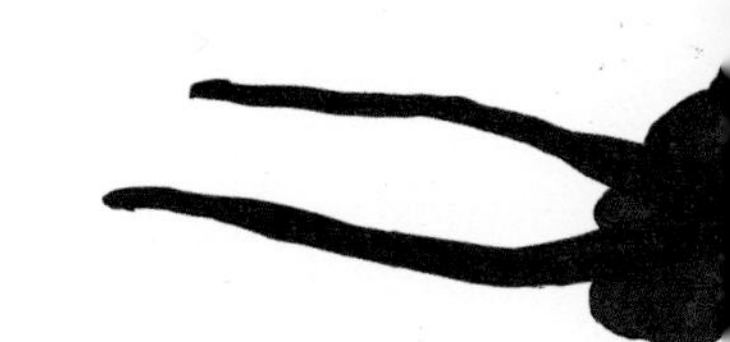

청두의 정통 시정(市井, 시장) 음식점이에요. 항상 사람들로 북적대 매우 떠들썩하죠. 청두 사투리로 표현하자면 귀가 '앙(昂, 격앙되다)'할 정도로 시끄럽고 사람들이 모두 'High'하게 집중해서 먹고 있다고 할 수 있어요. 이곳의 '야춘투터우 허차오(鸭唇兔头合炒)'*는 양념이 잘 배어 있어서 정말 맛있답니다. 이 요리를 먹을 때는 젓가락과 함께 체면도 살짝 내려놓으세요. 그냥 손으로 들고 뜯어 먹어야 제맛을 느낄 수 있거든요. 청두 사람들은 야식이 생각날 때 제일 먼저 이곳을 찾고 있어 새벽 2시가 넘어도 항상 사람들로 북적거린답니다.

- 차오이차오간궈뎬(侨一侨乾锅店)
- 인당 41위안
- ☆☆
- 야춘투터우 허차오(鸭唇兔头合炒)
- 锦江区耿家巷44号
- 하드코어 입맛 소유자, 어린이 입맛 소유자

* 야춘투터우 허차오: 오리 주둥이와 토끼 머리를 함께 볶아서 만든 요리

이토록
시원한

시원한 게 먹고 싶을 땐?

1

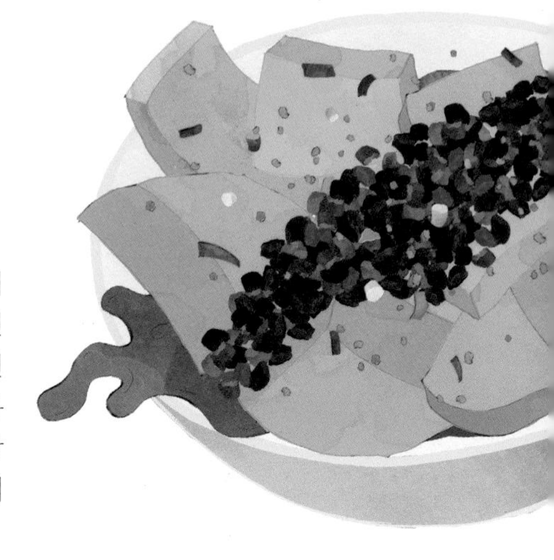

053 成都

張涼粉 장량펀

외관이 화려하지 않다고 무시하면 절대 안 돼요. 이곳은 수십 년의 역사를 지닌 전통 있는 음식점이라고요! 정오 무렵이 되면 손님들이 벌떼처럼 모여들어 그렇지 않아도 좁은 식당 문이 미어터질 지경이죠. 남들보다 덩치가 큰 사람은 못 들어갈 정도예요, 하하!

이곳에서 파는 녹두묵은 '흰 녹두묵[白涼粉]'과 '노란 녹두묵[黃涼粉]' 두 종류가 있는데 맛으로 정평이 나 있답니다. 녹두묵만큼 잘 팔리는 요리는 '톈수이몐(甜水面)'이에요. 톈수이몐은 직접 손으로 만든 것이어서 수타면 특유의 쫄깃한 식감을 느낄 수 있어요. 젓가락보다 굵은 톈수이몐을 한입 먹으면 순간적으로 매운맛이 느껴질 거예요. 하지만 천천히 씹다 보면 면의 단맛과 양념의 단맛이 뒤섞여, 그때야 비로소 이것을 왜 톈수이몐이라고 부르는지 알 수 있답니다.

- 둥쯔커우장라오얼량펀(洞子口张老二凉粉)
- 인당 8위안
- ☆☆☆
- 톈수이몐(甜水面), 반황량펀(拌黃凉粉), 반바이량펀(拌白凉粉), 주량펀(煮凉粉)
- 青羊区文殊院街39号
- 주머니 가벼운 여행자, 어른 입맛 소유자

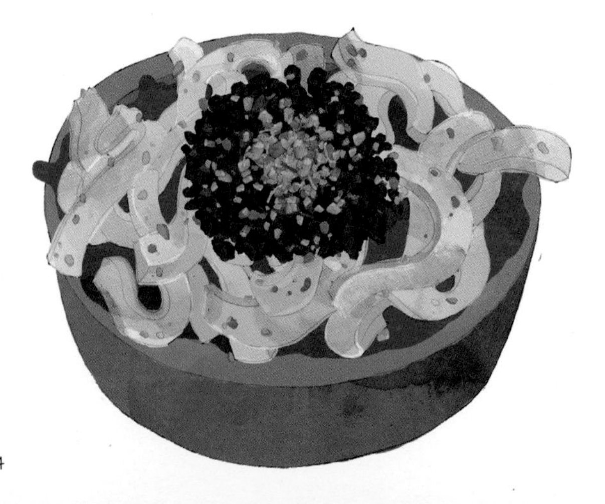

054 成都 小谭豆花 샤오탄 더우화

'샤오탄 더우화(小谭豆花)'는 청두(成都)의 한 라오쯔하오(老字号)에서 파는 간식거리예요. 전통 있는 가게라 그런지 주인 역시 꼬장꼬장하답니다. 전체적인 분위기는 소박한 편이에요. 한쪽 벽에는 오래된 흑백 사진이, 다른 한쪽 벽에는 메뉴가 적힌 팻말이 나란히 걸려 있죠. 옛날 식당에 온 딱 그런 느낌이에요. 주방에는 그릇이 산더미처럼 쌓여 있어서 보기만 해도 기가 질리는 기분이죠.

이곳의 대표 음식은 '싼쯔 더우화(馓子豆花)'예요. 기름에 튀겨서 바삭바삭한 싼쯔와 부드럽고 몰캉몰캉한 더우화*를 함께 먹으면 환상적인 맛이 나죠. 매운 것을 잘 먹지 못한다면 '빙쭈이 더우화(冰醉豆花)'를 시켜서 함께 먹어보세요. 라오짜오(醪糟)**로 만든 것인데 개운한 맛이 나 매운맛을 사라지게 해 줄 거예요.

샤오탄더우화(小谭豆花)
인당 12위안
☆☆☆☆
싼쯔 더우화(馓子豆花), 빙쭈이 더우화(冰醉豆花)
青羊区西大街86附13号
주머니 가벼운 여행자, 외국인, 어른 입맛 소유자

* 더우화: 순두부에 시럽과 다양한 고명을 얹어 먹는 디저트

** 라오짜오: 찹쌀을 발효시켜 만든 것, 감주(甜酒)

何师烧烤
허스 사오카오

- 허스사오카오(何师烧烤)
- 인당 51위안
- ☆☆☆☆
- 량가오(凉糕), 카오다체(烤大茄), 우화러우(五花肉, 삼겹살), 카오나오화(烤脑花), 카오샹자오(烤香蕉), 카오지츠(烤鸡翅)
- 武侯区科华北路143号 란써자레이비(蓝色加勒比)광장 내
- 학생

'량가오(凉糕)'는 청두 특산 아이스크림이에요. 딱딱한 얼음으로 만든 하드가 아닌 부드러운 아이스크림이죠. 량가오 중에서는 이빈(宜宾)의 솽허푸타오징(双河葡萄井) 량가오가 가장 유명하답니다. 나이가 지긋하신 어르신들이 량가오 상자를 어깨에 메고 이리저리 다니면서 팔았다고 해요. 희고 부드러운 량가오 위에 뿌려진 붉고 달콤한 소스는 눈도, 입도 모두 즐겁게 해준답니다. 또한 인공물질을 가미하지 않고 천연 그대로 만든 것이라 믿고 먹을 수 있죠.

요즘 청두의 길거리에서는 량가오 파는 사람을 만나기가 무척 어려워요. 하지만 방법이 없는 건 아니에요. 량가오를 꼭 먹어봐야겠다는 미식가라면 '허스 사오카오(何师烧烤)'로 가면 돼요. 이곳에서 파는 매콤한 사오카오(烧烤, 구운 고기)는 량가오의 단짝 친구로 둘을 함께 먹으면 매운맛과 시원한 맛을 동시에 느낄 수 있을 거예요. 이 맛에 이끌려 청두의 꼬맹이들은 밤만 되면 허스 사오카오로 가자고 엄마 아빠를 조른다고 해요. 아~ 저도 엄마를 조르고 싶어지네요.

056 成都

拾光甜品 스광톈핀

매우 편안한 느낌을 주는 아담한 가게예요. 맛도 딱 제 취향이랍니다. 특히 '류롄 왕판(榴莲忘返)'*은 정말 맛있어서 사람들의 발길을 붙잡을 만해요. 여러분이 두리안 홀릭이라면 이 가게는 꼭 들러봐야 해요. 아, 망고 홀릭인 분들도 주목해 주세요. 이곳의 '망고 몐몐빙(芒果绵绵冰)'**은 먹으면 입안에서 눈처럼 사르르 녹아버리면서 동시에 진한 망고 맛이 사람을 매혹한답니다. 사실 이건 만들기 쉬워요. 망고, 우유, 백설탕, 일반 분유에 전지분유 한 컵을 첨가한 후 믹서에 넣고 갈아버리세요. 걸쭉해질 때까지 갈아서 그릇에 부은 다음, 망고를 몇 덩어리 썰어 넣고 그 위에 연유를 살짝 뿌려주면 끝이랍니다. 여름에 더위를 이기고 식욕을 채워주기에 이것만 한 것이 없어요!

- 스광톈핀(拾光甜品)
- 인당 32위안
- ☆☆☆☆☆
- 류롄 왕판(榴莲忘返), 망고 몐몐빙(芒果绵绵冰)
- 武侯区少陵路351号
- 028-85254196
- 14:00~24:00
- 트렌드세터, 커플, 어린이 입맛 소유자

* 류롄 왕판: 『맹자양혜왕장구하(孟子梁惠王章句下)』라는 책의 글귀에서 따온 성어 '유련망반(流连忘返)'을 빌어서 만든 말[돌아가는 것을 잊을 정도로 류롄(두리안)이 맛있다는 의미로 사용됨]

** 몐몐빙: 아이스크림, 과일 등을 갈아서 켜켜이 쌓은 빙수의 일종

여전히 대학생

기억나?
우리 함께 몰래 빠져나와 먹던,
그때 그 시절

중칭썬린(중경삼림)

'충칭썬린(重庆森林)' 하면 아마도 왕자웨이(王家卫, 왕가위) 감독의 영화가 제일 먼저 생각날 거예요. 영화 시작 부분에 카메라가 흔들리는 영상, 새하얗고 여렸던 왕페이(王菲, 왕정문)와 진청우(金城武, 금성무)도 기억날 거예요. 하지만 여기서 제가 소개하려는 건 당연히 식당이에요!

이곳은 겨울에 가면 식당 주인이 정성껏 뜨끈뜨끈한 '보보지(钵钵鸡)*'를 끓이고 있는 것을 볼 수 있어요. 고맙게도 속을 든든하게 해주는 요리랍니다. 그래도 배가 부르지 않다면 '이빈 란몐(宜宾燃面)**'을 먹어보세요. 향긋한 고추기름과 듬뿍 올린 야차이(芽菜), 고소한 땅콩이 어우러져 없던 입맛도 돌아오게 하죠. 가격도 엄청나게 착해서 진정한 대학가 식당이라 부를 만해요.

- 충칭썬린(重庆森林)
- 인당 15위안
- ☆☆☆
- 보보지(钵钵鸡), 이빈 란몐(宜宾燃面)
- 武侯区郭家桥北街3号附6号[쓰촨(四川)대학 부근]
- 학생, 주머니 가벼운 여행자, 트렌드세터, 어린이 입맛 소유자

* 보보지: 매운 양념 육수에 닭꼬치를 넣어 끓인 것

** 이빈 란몐: 쓰촨(四川) 성 이빈 시의 특산 요리로 삶아 건진 국수에 야차이와 땅콩가루 등을 넣어서 만든 음식

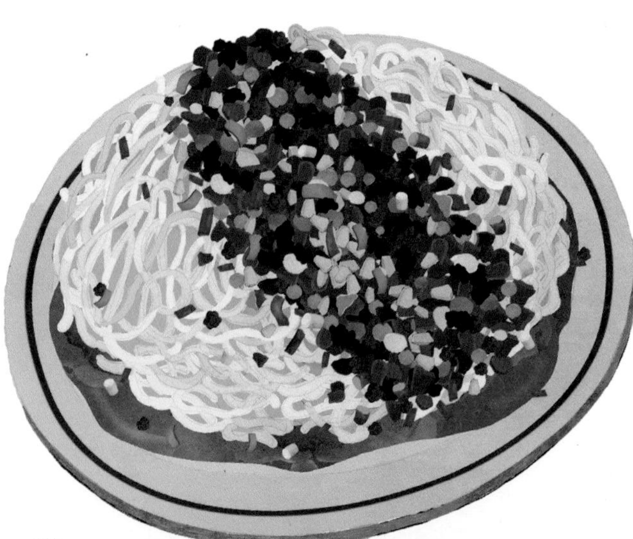

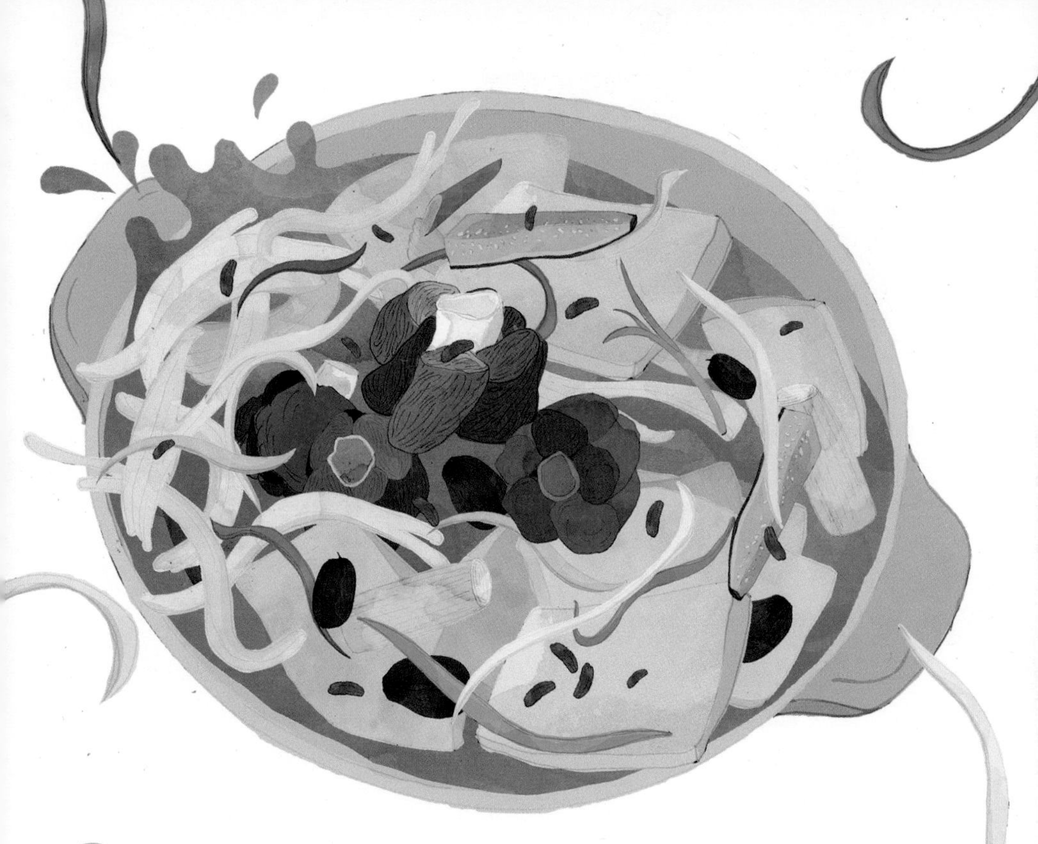

058 成都 霸王排骨 바왕파이구(패왕갈비)

쓰촨사범대학 쪽에 있는 영양 만점 갈비찜, '다쭈이 바왕파이구(大嘴霸王排骨)'는 손님들을 아주 그냥 토실토실하게 살찌울 모양이에요!? 정말 보양의 끝은 어디일까요? '예쥔(野菌)갈비전골'만으로도 보양은 충분한데 '바왕파이구' 또한 놓칠 수 없답니다. 바왕파이구는 먹기도 전에 그 크기에 놀랄 거예요. 통뼈 채로 들고 뜯는 것도 통쾌하고 재밌답니다. 게다가 미녀가 많기로 소문난 쓰촨사범대학 여학생들과 함께 갈비를 뜯는다면 맛도, 재미도 두 배가 될 거예요.

- 다쭈이바왕파이구(大嘴霸王排骨)
- 인당 50위안
- ☆☆☆☆
- 예쥔(野菌)갈비전골, 주티샤(猪蹄虾), 바왕파이구(霸王排骨), 쏸샹파이구(蒜香排骨)
- 锦江区静安路7号校园春天广场1楼/2楼 [쓰촨(四川)사범대학 남대문 근처]
- 028-68010011
- 월요일~목요일 11:00~13:00, 15:30~22:00 금요일~일요일 11:00~22:00
- 학생, 어린이 입맛 소유자

059 成都

쉬팡카오티

徐川烤蹄

□ 쉬팡카오티(徐胖烤蹄)
◎ 인당 8위안
☆☆☆
카오주티(烤猪蹄)
成华区电子科大建设路建设巷 먹자거리
13060089115
12:00~22:00
주머니 가벼운 여행자, 어른 입맛 소유자, 식견을 넓히고자 하는 사람

청두(成都) 아가씨들의 피부는 하나같이 좋답니다. 왜 그런지 알고 있나요? 두 가지 이유가 있는데요. 하나는 날씨, 다른 하나는 바로 돼지 족발을 즐겨 먹기 때문이랍니다. 돼지 족발에는 피부에 좋은 콜라겐이 듬뿍 들어 있으니까요. 돼지 족발에는 비계가 많아서 자칫 잘못 조리하면 느끼해지기 쉬워요. 하지만 '쉬팡카오티(徐胖烤蹄)'의 돼지 족발은 전혀 느끼하지 않아요. 센 불로 조리해서 쓸모없는 지방은 제거하고 구수한 살코기만 남기기 때문이죠. 금방 조리해낸 돼지 족발에 하이자오가루(海椒面)를 잔뜩 뿌려서 먹는 그 맛은 정말 환상이랍니다. 아, 또 먹고 싶네요.

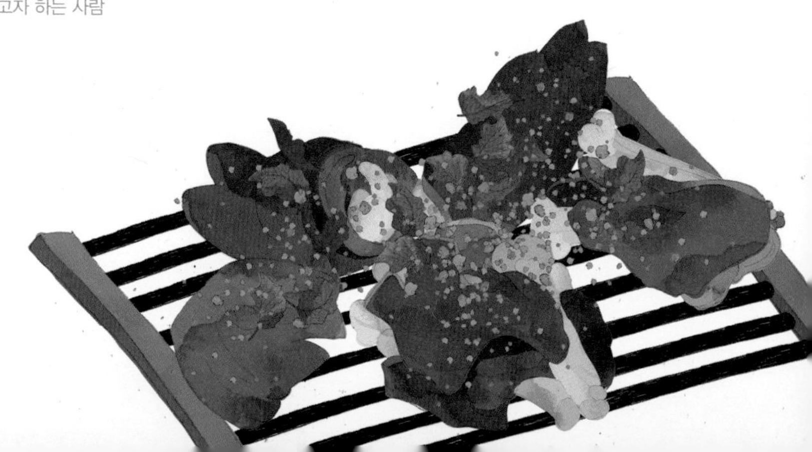

060 成都

休息钟 슈시중

바쁜 일상에 많이 지쳤나요? 그럼 이곳 '슈시중(休息钟)'에서 '궈무 뉴파이(果木牛排)'*를 맛보면서 잠시 쉬었다가는 건 어떨까요. 스테이크는 7분 정도 익힌 것이 가장 맛있다고 해요. 이곳의 스테이크는 7분을 익혀서 겉은 바삭하고 속은 부드러워 칼로 살짝 자르면 육즙이 주르륵 흘러내린답니다. 소스 따윈 뿌릴 필요도 없어요. 그냥 소고기 본연의 맛을 그대로 느끼세요. 식재료 본연의 맛을 끌어내기란 참으로 어렵지만 일단 그 맛을 잘 살려내면 황홀한 맛에 반할 수밖에 없답니다. 이곳 음식이 바로 그래요! 맛의 매력에 반하지 않으려야 않을 수가 없어요.

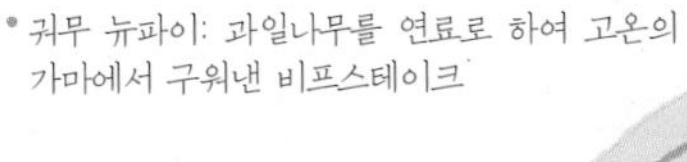

* 궈무 뉴파이: 과일나무를 연료로 하여 고온의 가마에서 구워낸 비프스테이크

- 슈시중·궈무뉴파이관(休息钟·果木牛排馆)
- 인당 107위안
- ☆☆☆☆☆
- 궈무 뉴파이(果木牛排), 프랑스식 캐러멜 푸딩[자오탕부뎬(焦糖布甸)], 신타이롼(心太软) 초콜릿케이크
- 青羊区青羊大道99号附17号优品道 보행도로[시난민주(西南民族)대학]
- 028-87316128
- 10:30~22:30
- 커플, 학생, 트렌드세터

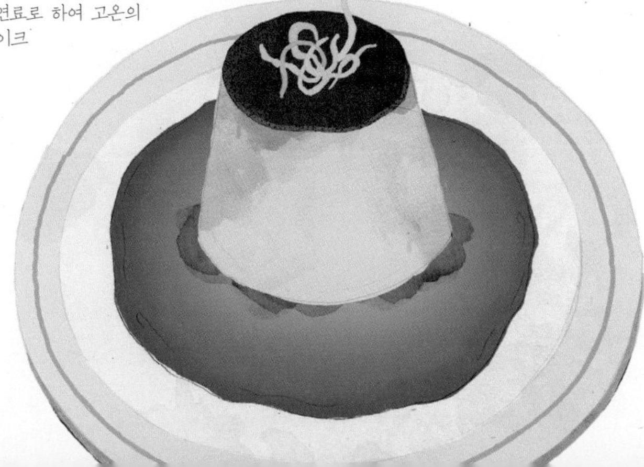

달지 않으면 싫어

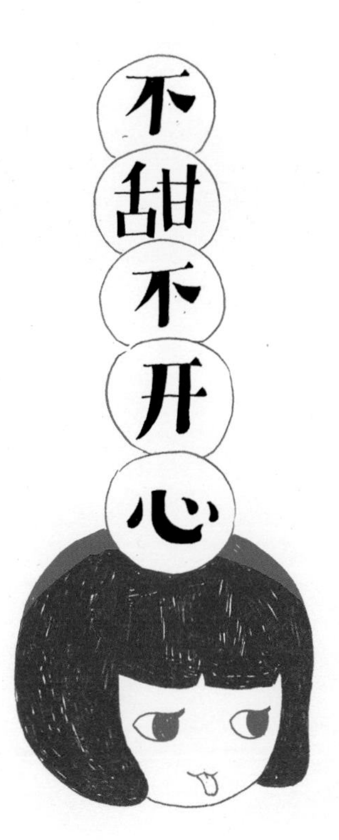

단 게 당기네.
아, 달콤하고 달콤해~♡

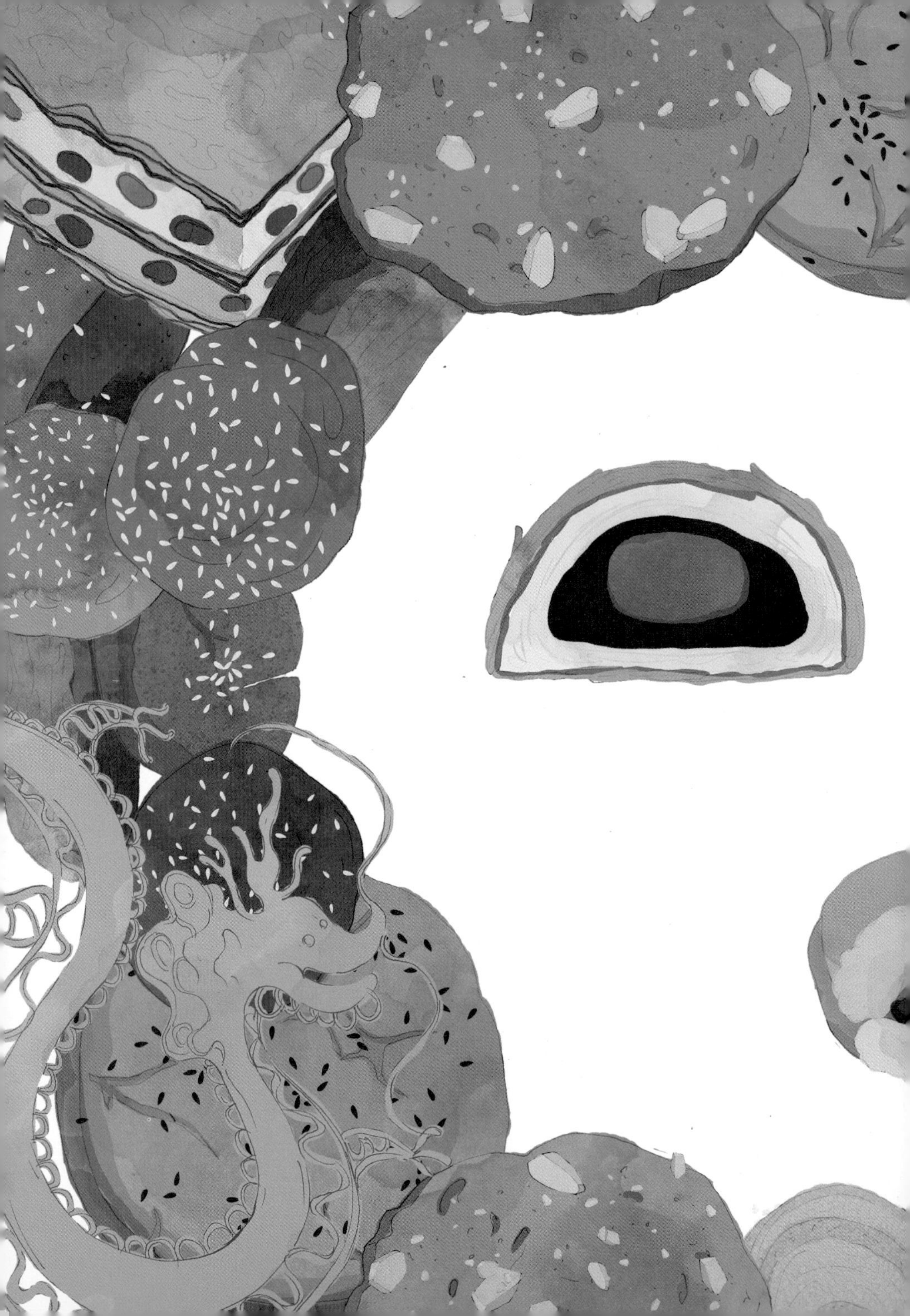

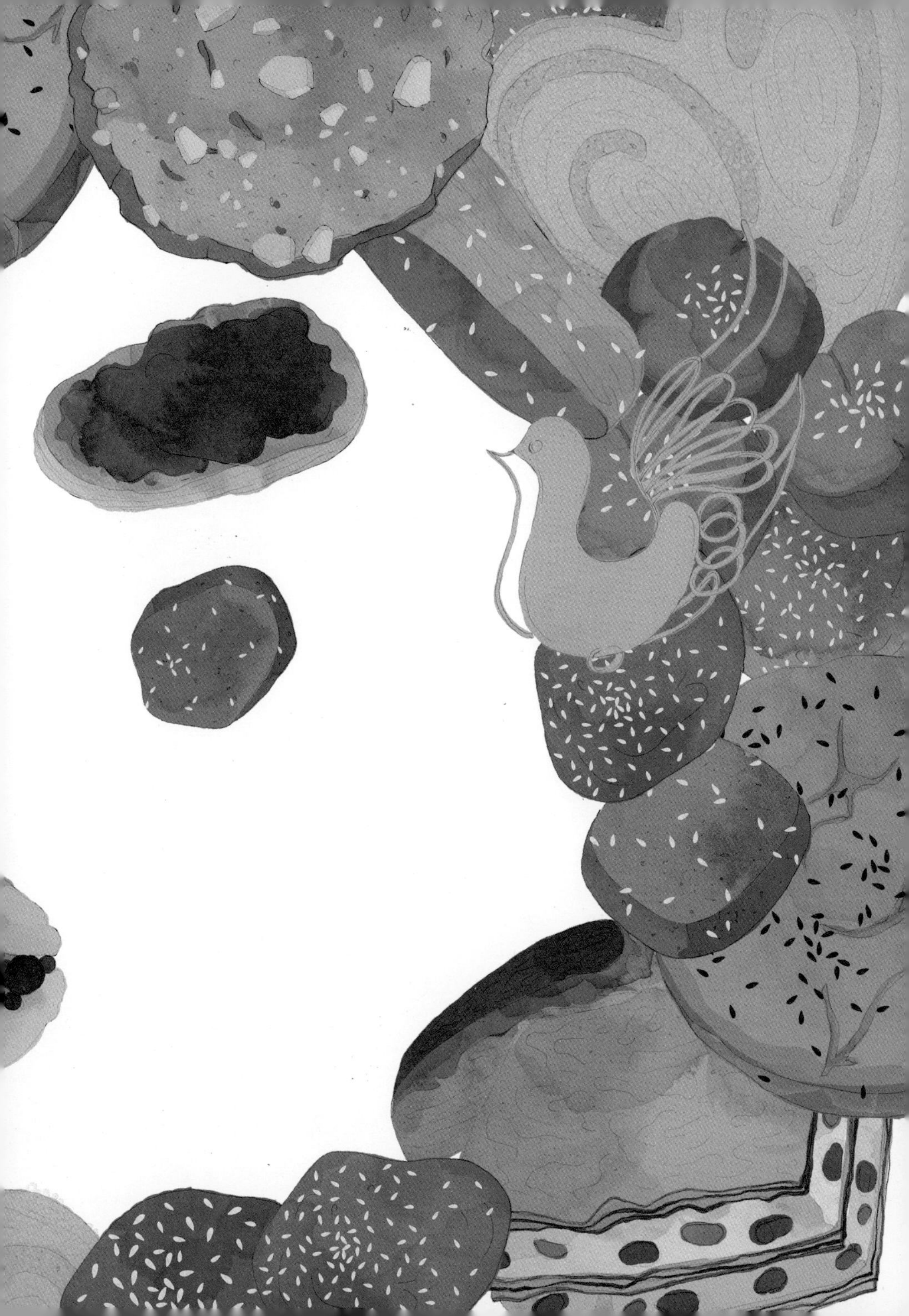

061 成都

糖画 탕화

쓰촨(四川) 사람들은 매운 것을 좋아하는 것 못지않게 단 것도 무척 좋아한답니다. '탕화(糖画)'는 쓰촨 쑤이닝(遂宁)에서 시작된 것이라고 해요. 당대(唐代) 시인 천쯔앙(陈子昂)은 황설탕을 즐겨 먹었는데 먹는 방법이 다른 이들과는 사뭇 달랐다고 합니다. 그는 설탕을 불로 녹여 걸쭉해진 설탕액으로 동물이나 화초 그림을 그렸다고 해요. 그리고 굳은 설탕액 작품(?)을 감상하듯 바라보다가 먹고 싶어지면 바로 먹었다는 겁니다. 독특하죠?

이 방법 외에도 설탕을 먹을 수 있는 또 다른 방법이 있어요. 이름하여 '자오자오탕(绞绞糖)'! 꼬챙이 두 개와 반쯤 응고된 설탕액만 있으면 돼요. 먹는 방법도 간단하고요. 우선 물컹한 엿처럼 생긴 설탕액에 꼬챙이 두 개를 찔러 넣은 뒤 꼬챙이를 양손에 하나씩 쥐고 엇갈리게 빙빙 돌려주세요. 자칫하면 물컹한 덩어리가 아래로 늘어질 수 있으니 주의해야 해요. 혹시 늘어졌다면 다시 꼬챙이를 잘 꽂아서 돌려주면 되니 당황하지 마세요. 이렇게 자꾸 돌리다 보면 덩어리 안에 흰 선들이 보이기 시작할 겁니다. 이때가 단맛이 가장 강할 때라고 하니 바로 입속으로 넣어주세요. 쏘옥~!

탕화(糖画)
인당 5위안
탕화(糖画), 자오자오탕(绞绞糖)
런민(人民)공원 내
학생, 외국인

'민톈'과 '다젠'은 모두 청두 사투리예요. 민톈은 정말정말 단 것을, 다젠은 밥 먹기 전에 간단한 요깃거리로 배를 채우는 것을 이른답니다.

탕유궈쯔

'탕유궈쯔(糖油果子)'는 민톈(抿甜)한 간식거리로 다젠(打尖儿)하기에 딱 적당하답니다. 백조알처럼 생겼다고 해서 '톈어단(天鹅蛋)'이라고 부르기도 해요. 하지만 요즘은 크기가 점점 작아져서 겨우 달걀만 하니 톈어단이라고 부르기가 무색할 정도예요. 만약 갓 만들어낸 탕유궈쯔를 맛보고 싶다면 이른 아침은 좀 힘들지도 몰라요. 차라리 주말을 이용해 친타이루(琴台路)로 가보세요. 친타이루 맞은편에 자전거를 끌고 다니며 탕유궈쯔를 만들어 파는 사람이 있답니다. 찹쌀에 흑설탕을 섞은 반죽을 사용해 그 자리에서 직접 만들어주거든요. 다 만들어진 탕유궈쯔 위에는 흰깨를 솔솔 뿌려줘요. 받자마자 한입 깨물어 보면 겉은 바삭하면서 속은 부드러운 그 맛을 절대 잊지 못할 거예요. 너무 맛있어서 정신없이 먹다 보면 깨가 입 주위에 묻을 수도 있어요. 사람들이 여러분의 식탐을 의심할지도 모르니 다 먹은 후에는 꼭~ 입가를 털어주세요.

- 탕유궈쯔(糖油果子)
- 인당 2.5위안
- ☆☆
- 탕유궈쯔(糖油果子)
- 주말 친타이루(琴台路) 맞은편 퉁후이먼(通惠门) 정류장 근처
- 일정하지 않음.
- 주머니 가벼운 여행자, 어린이 입맛 소유자

맛있는 탕유궈쯔 더 많이 먹는 방법

1. 탕유궈쯔 한 개를 먹는다.

2. 그중 한 알을 남긴다.

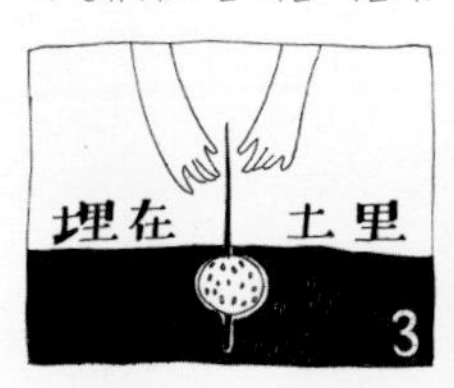

3. 남긴 한 알을 땅에 심는다.

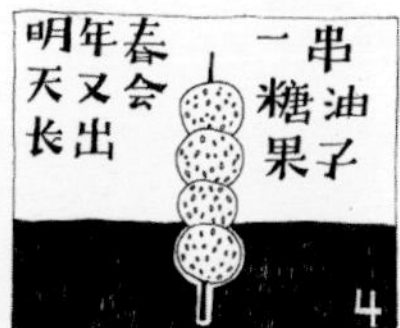

4. 내년 봄이면 탕유궈쯔가 자라나 있을 것이다.

063 成都

궁팅 가오뎬푸

宫廷糕点铺

‘궁팅 가오뎬푸(糖油果子)’의 원래 이름은 궁팅 타오쑤(宫廷桃酥)예요. 이것만 봐도 ‘타오쑤(桃酥)’*가 이 가게의 메인 메뉴라는 것을 짐작할 수 있겠죠? 저희 엄마도 이곳의 타오쑤를 무척 좋아하셔서 행여나 제가 원수위안(文殊院)에 갈 일이 생기면 항상 ‘땅콩 타오쑤’와 ‘자오옌 샤오타오쑤(椒盐小桃酥)’ 몇 봉지를 사 오라고 하신답니다. 타오쑤는 바삭바삭하고 고소해서 먹다 보면 어느새 부스러기만 남게 될 거예요. 하지만 저는 이곳의 ‘단황쑤(蛋黄酥)’**를 더 좋아해요. 단황쑤 중독(?)이신 분들은 이 가게로 오세요. 완벽한 단황쑤의 맛에 금세 빠져들고 말 거예요. ‘나폴레옹 케이크’는 가격에 비해 맛과 품질이 정말 좋아요. 층마다 다른 식감을 느낄 수 있는데 바삭한 것과 부드러운 것이 번갈아서 층층이 쌓여 있죠. ‘훠투이 웨빙(火腿月饼)’***과 ‘미화탕(米花糖)’****도 먹을 만해요. 한마디로 맛있는 게 너무 많아요! 천국이 따로 없죠. 그러니 줄을 서는 것쯤은 아무것도 아니겠죠?

- 궁팅가오뎬푸(宫廷糕点铺)
- 인당 15위안
- ☆☆☆☆
- 타오쑤(桃酥), 단황쑤(蛋黄酥), 미화탕(米花糖), 나폴레옹 미더우단가오(密豆蛋糕)
- 青羊区酱园公所街58号[원수위안(文殊院) 근처]
- 028-86942646
- 08:00~22:00
- 어른 입맛 소유자, 주머니 가벼운 여행자

* 타오쑤: 밀가루, 계란, 버터 등으로 만든 쿠키

** 단황쑤: 버터를 넣은 밀가루 반죽에 팥앙금과 셴단황(咸蛋黄, 소금에 절인 계란 노른자)을 넣어서 만든 간식

*** 훠투이 웨빙: 중국식 햄을 소로 넣어서 만든 월병

**** 미화탕: 찹쌀과 백설탕으로 만든 강정

나폴레옹 케이크는 ‘첸청쑤(千层酥, 밀푀유)’라고도 한답니다.

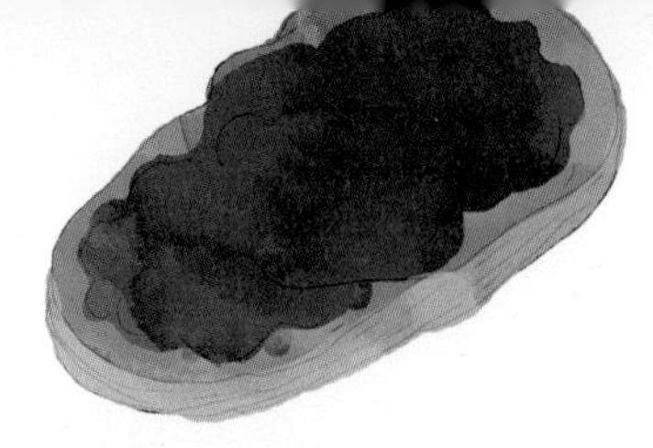

闻酥园 원쑤위안

'원쑤위안(闻酥园)'이라는 이름은 듣기만 해도 귓가에서 바삭거리는 소리가 들리는 것 같아요. 이곳의 '룽옌쑤(龙眼酥)'는 엄마가 어릴 적 즐겨 드시던 간식이라고 해요. 용돈이 생기면 곧바로 쪼르르 달려가 사 먹곤 하셨대요. 먹어도 먹어도 질리지 않는 맛이라고 하네요. 동그란 룽옌쑤의 가운데에는 붉은 체리가 콕 하고 박혀 있어요. 용의 눈이 정말 이렇게 생겼나 봐요. 여러 겹으로 싸인 룽옌쑤는 부슬부슬해서 부스러기가 제법 생겨요. 한입 베어 무는 순간 부스러기가 사방에 떨어지니 주의하세요. 이 가게는 룽옌쑤도 맛있지만 '첸청쑤(千层酥)', '후데쑤(蝴蝶酥)',* '자오옌쑤(椒盐酥)'** 도 맛있답니다. 이름만 들어도 바삭거리는 소리가 들리지 않나요? 바삭~ 파삭~

원쑤위안(闻酥园)
인당 15위안
☆☆☆☆
룽옌쑤(龙眼酥), 첸청쑤(千层酥), 후데쑤(蝴蝶酥), 자오옌쑤(椒盐酥), 충유쑤(葱油酥)
青羊区人民中路三段37号附4号[원수위안(文殊院) 근처]
028-69693791
08:00~22:00
주머니 가벼운 여행자, 어린이 입맛 소유자

* 후데쑤: 나비 모양으로 생긴 쿠키

** 자오옌쑤: 산초(花椒)로 만든 소를 넣어서 만든 간식

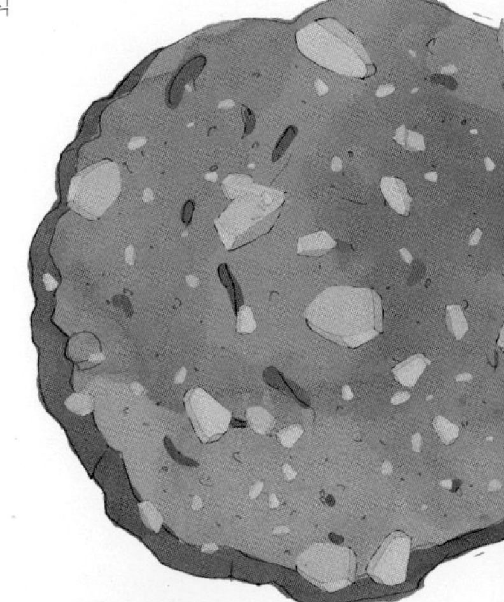

살벌하거나 특별하거나

어둠의 요리, 잔혹 살벌한 미식(美食)
나는 좋지만 선택은 자유!

1

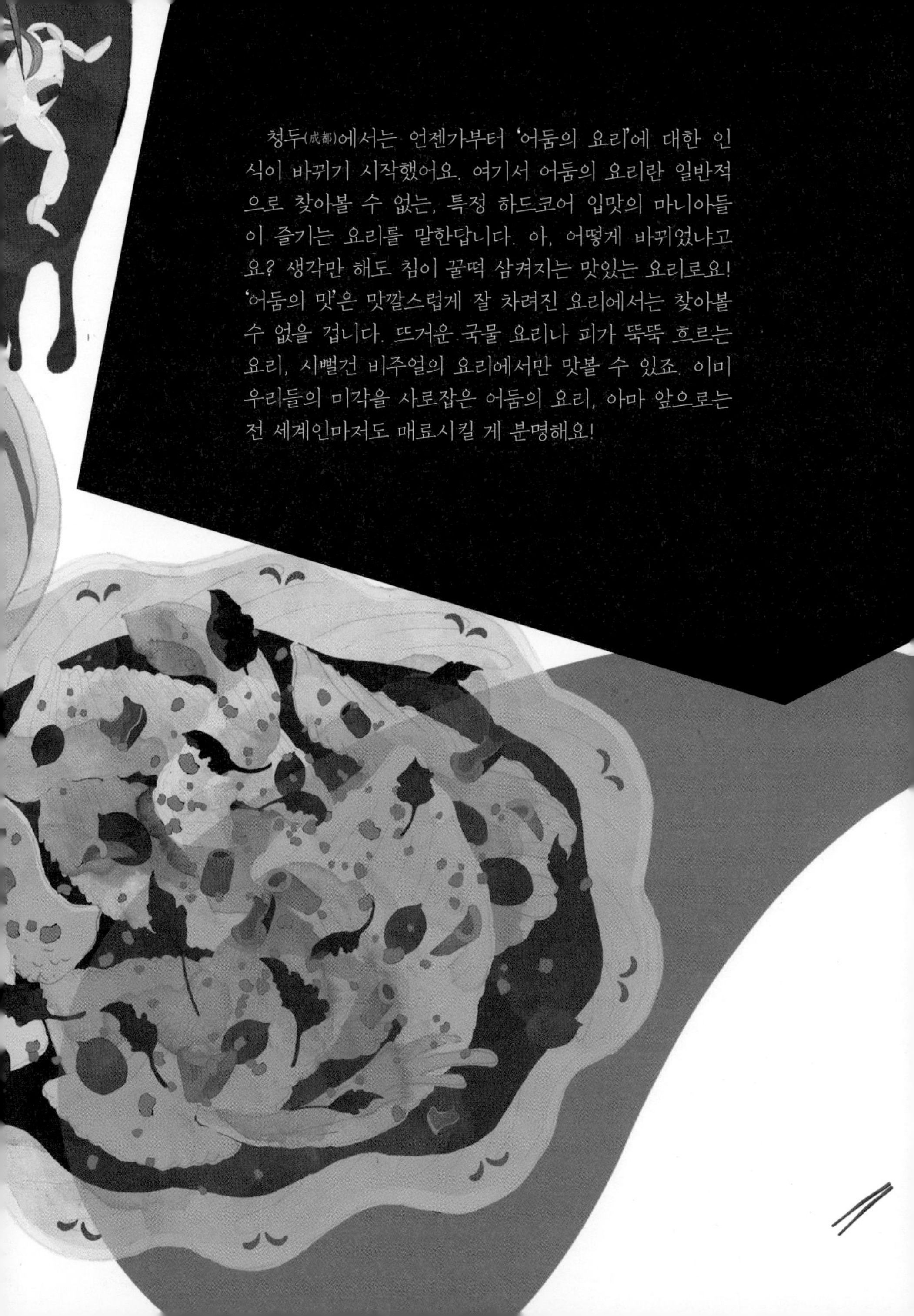

청두(成都)에서는 언젠가부터 '어둠의 요리'에 대한 인식이 바뀌기 시작했어요. 여기서 어둠의 요리란 일반적으로 찾아볼 수 없는, 특정 하드코어 입맛의 마니아들이 즐기는 요리를 말한답니다. 아, 어떻게 바뀌었냐고요? 생각만 해도 침이 꿀떡 삼켜지는 맛있는 요리로요! '어둠의 맛'은 맛깔스럽게 잘 차려진 요리에서는 찾아볼 수 없을 겁니다. 뜨거운 국물 요리나 피가 뚝뚝 흐르는 요리, 시뻘건 비주얼의 요리에서만 맛볼 수 있죠. 이미 우리들의 미각을 사로잡은 어둠의 요리, 아마 앞으로는 전 세계인마저도 매료시킬 게 분명해요!

065
成都

卤鲍鱼 루바오위

루차이(卤菜) 요리 전문점으로 명성이 자자한 곳이에요. 흔히 볼 수 있는 '루지좌좌(卤鸡爪爪, 절인 닭발)', '루뉴러우(卤牛肉, 절인 소고기)', '루야서(卤鸭舌, 절인 오리 혀)' 말고도 '루바오위(卤鲍鱼, 절인 전복)'를 살 수 있답니다. 처음에는 이렇게 작은 가게에 과연 비싼 전복 요리가 있을지 의심을 했어요. 그런데 그것도 모자라 '루서러우(卤蛇肉, 절인 뱀고기)'가 있다는 게 더 놀라웠죠. 정말 대단한 것 같아요. 이곳에서는 루바오위를 만들 때 전복을 은박지에 싸서 만들기 때문에 특유의 쫄깃하고 매끈한 식감을 그대로 유지하고 있답니다. 그리고 루야서는 변함없이 인기가 많은 음식이에요. 참, 이곳은 모든 음식을 진공포장 해준답니다. 그러니 집으로 사 들고 가 가족 혹은 친구들과 함께 맛있게 나눠 먹는 것도 좋겠죠?

- 라오지화루(老技花卤)
- 인당 40위안
- ☆☆☆☆
- ☆☆☆
- 루야서(卤鸭舌), 루뉴러우(卤牛肉), 루쥔바(卤郡把), 루서러우(卤蛇肉), 루파이구(卤排骨)
- 武侯区玉林玉洁西街玉洁巷3号附1号
- 028-69954530
- 09:00~21:30
- 하드코어 입맛 소유자, 어린이 입맛 소유자

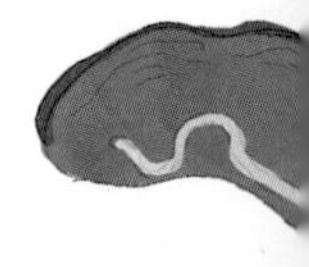

066 成都

耳片 얼피엔

청두(成都) 사람들은 돼지 귀를 '얼피엔(耳片)'이라고 해요. 일반적으로 돼지 귀로 요리를 할 때 얇게 조각조각 썰어서 만들기 때문에 이렇게 부르게 됐다고 하네요. 돼지 귀는 주로 수육처럼 삶아서 먹거나 매콤하게 무쳐서 먹는답니다. 무친 돼지 귀는 매운맛이 강하고, 수육처럼 삶은 것은 쫄깃해서 더욱 맛있어요. 루차이(卤菜)를 만들 때 가장 중요한 것은 루수이(卤水, 간수)*예요. 루수이는 술과 같아요. 오래될수록 더욱 깊은 맛이 나죠. '완춘루(万春卤)'에서 만든 돼지 귀 요리는 부드럽고 쫄깃해서 입맛에 딱 맞을 거예요. 입이 심심할 때 주전부리로 한 조각씩 씹어 먹는 것도 괜찮답니다. 별미 중의 별미죠!

* 루수이: 습기가 찬 소금에서 저절로 녹아 흐르는 짜고 쓴 물

- 텐유샹완춘라오루(天佑祥万春老卤)
- 인당 48위안
- ☆☆☆☆
- ☆☆☆
- 루주얼둬(卤猪耳朵), 루페이창(卤肥肠)
- 温江区天乡后街 근처
- 028-82612866
- 09:00~19:00
- 하드코어 입맛 소유자, 어린이 입맛 소유자

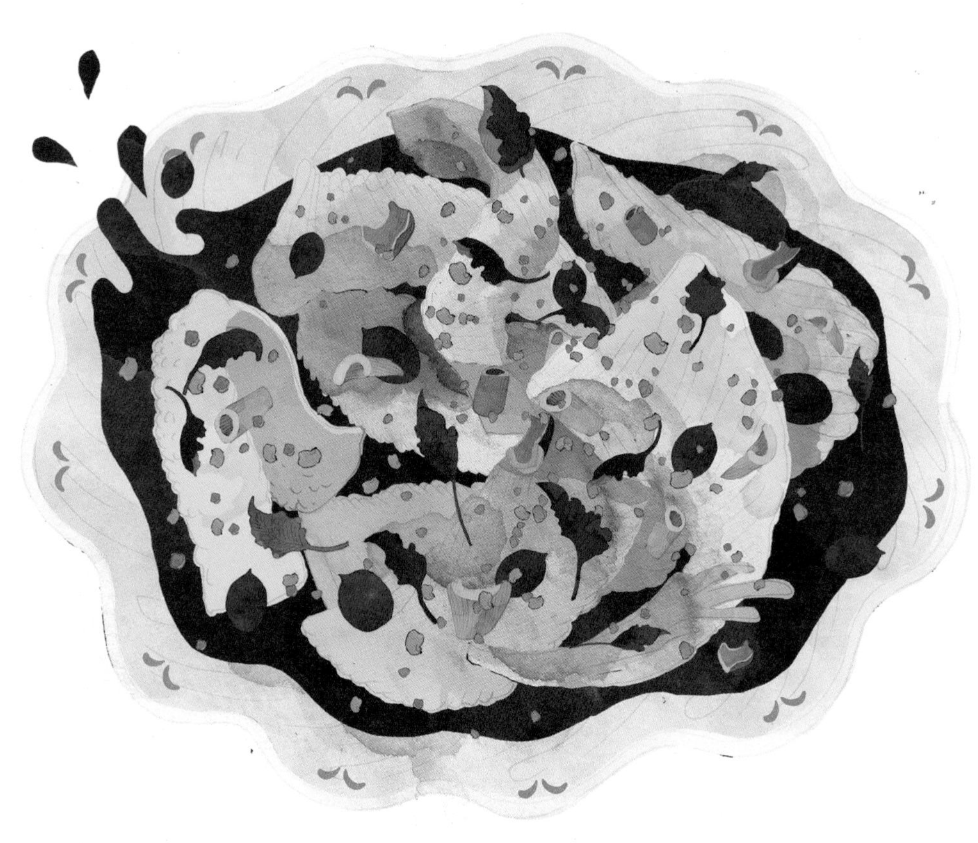

067 成都 拌肺片

반페이피엔

옛말에 '보양하고 싶은 부위에 알맞은 음식을 섭취해라'는 것이 있어요. 요즘 황사니 뭐니 해서 공기가 정말 안 좋아졌어요. 건강을 챙겨야겠죠? 이럴 때는 폐에 좋은 허파 요리를 먹어서 미세먼지를 없애줘야 해요. '반페이피엔(拌肺片)*'은 씹는 맛이 쫄깃쫄깃해서 술안주로 먹기에 안성맞춤이랍니다. '황싼 페이피엔(黄伞肺片)'은 오래된 가게지만 맛은 여전히 좋아요. 정말 보기 드문 곳이죠?

- 황싼페이피엔(黄伞肺片)
- 인당 21위안
- ☆☆☆☆
- ☆☆☆☆
- 반페이피엔(拌肺片), 반얼쓰(拌耳丝)
- 武侯区郭家桥西街4号附9号
- 하드코어 입맛 소유자, 학생

* 반페이피엔: 소고기와 소의 부산물(혀, 심장, 머리껍질 등)로 만든 무침 요리

耙泥鳅 파니치우

미꾸라지를 모든 사람이 다 좋아하지는 않을 거예요. 하지만 대부분의 청두 사람은 미꾸라지를 즐겨 먹는답니다. 미꾸라지는 매끈매끈 윤기가 나고 가시도 많지 않죠. 하지만 흙냄새가 강해서 조리하기가 조금 힘들답니다. '칭메이 파니치우(情妹耙泥鳅)'의 미꾸라지 요리는 매콤하면서도 정말 부드러워요. 한입 먹으면 입안에서 사르르 녹아버리죠. 미꾸라지 요리 말고도 이 가게의 특색 있는 요리로 '어장(鹅掌, 거위 물갈퀴)'이 있어요. 일단 맛보면 그 맛을 절대 잊을 수 없을 거예요. 정말 최고예요!

- 칭메이파니치우(情妹耙泥鳅)
- 인당 55위안
- ☆☆☆☆
- ☆☆☆☆
- 파니치우(耙泥鳅), 어장(鹅掌), 야춘(鸭唇, 오리 입), 간궈화차이(干锅花菜)
- 武侯区科华北路153号宏地大厦内 [얼환루(二环路) 입구]
- 028-85241696
- 11:00~익일 새벽 02:00
- 하드코어 입맛 소유자, 어린이 입맛 소유자

069 成都 鹅肠 어창

청두의 훠궈(火锅)를 먹을 때는 반드시 '어창(鹅肠, 거위 창자)'을 함께 시켜 먹어야 한답니다. 그중에서도 '촨시바쯔 훠궈(川西坝子火锅)'의 어창이 아주 먹을 만해요. 물에 담가 핏물을 뺀 신선한 어창을 바로 손님 테이블로 내오는데 마음이 여린 사람은 깜짝 놀랄지도 모르니 조심하세요. 하지만 맛은 정말 끝내준답니다. 젓가락으로 어창 하나를 집어서 펄펄 끓는 육수에 넣고, 담갔다 꺼냈다를 반복해 보세요. 10초를 넘기면 안 돼요. 어창이 쪼그라들면 바로 꺼내서 먹으세요. 너무 오래 익히면 질겨져서 맛이 없거든요. 적당히 익힌 어창을 참기름에 찍어 먹으면 서근서근하게 씹히는 그 맛이 정말 일품이랍니다.

- 촨시바쯔훠궈(川西坝子火锅)
- 인당 75위안
- ☆☆☆☆☆
- ☆☆☆☆
- 어창(鹅肠), 넌뉴러우(嫩牛肉), 첸청두(千层肚)
- 金牛区蜀兴西街16号
- 4000517517, 028-87799517
- 11:00~익일 새벽 03:00
- 가족, 직장인, 하드코어 입맛 소유자

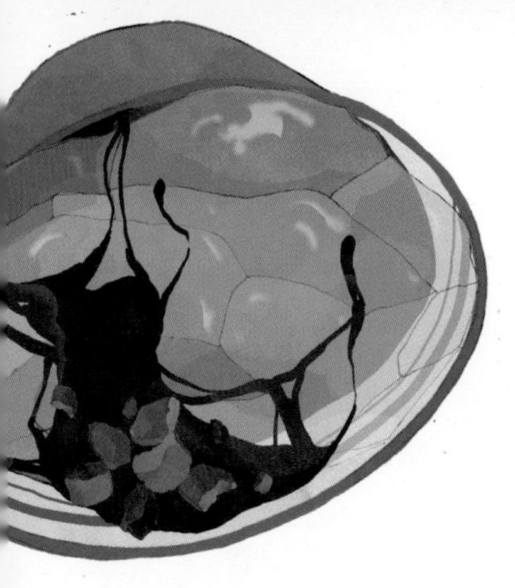

070 成都

伤心凉粉 상신 량펀

미식가들은 맛집이 멀리 있다고 해서 먹는 것을 절대 포기하지 않아요. 만약 포기하는 사람이 있다면 그 사람은 진정한 미식가가 아닐 겁니다. '멀더라도 반드시 가고, 오래 기다려야 할지라도 꿋꿋하게 기다리자'가 바로 미식가들의 좌우명(?)이라고 할 수 있죠.

뤄다이구전(洛带古镇)*은 청두의 외곽에 자리 잡고 있지만 술 향기를 따라가다 보면 골목 깊은 곳에 있다 해도 어렵지 않게 찾을 수 있답니다. 그중에서도 '상신 량펀(伤心凉粉)'은 이 거리를 오랫동안 지켜온 음식점이에요. 이곳의 음식은 청두 시내에서도 맛보기 어려운 맛으로, 승부를 겨룰 만하답니다. 특히 '량펀(凉粉, 녹두묵)'은 숨이 막힐 정도로 매워서 연신 '헥헥'거리게 될 거예요. 그리고 자신도 모르게 눈가가 촉촉해질 겁니다. 먹을수록 자꾸 눈물이 나지만 먹는 걸 멈출 수는 없답니다. 그만큼 중독성이 강하거든요. 이곳의 량펀에는 정말 매운 고추기름과 이보다 더 매운 샤오미라(小米辣)가 들어 있어서 양은 적지만 다 먹을 수 있는 사람은 많지 않다고 해요. 어때요? 도전 욕구가 마구마구 샘솟지 않나요?

- 상신량펀(伤心凉粉)
- 인당 12위안
- ☆☆☆☆
- ☆☆☆☆☆
- 상신 량펀(伤心凉粉, 슬픈 량펀), 카이신 빙펀(开心冰粉, 기쁜 빙펀)
- 洛带古镇上
- 하드코어 입맛 소유자, 주머니 가벼운 여행자

* 뤄다이구전: 전통문화 특화 거리로 우리나라 전주 한옥마을과 흡사한 곳

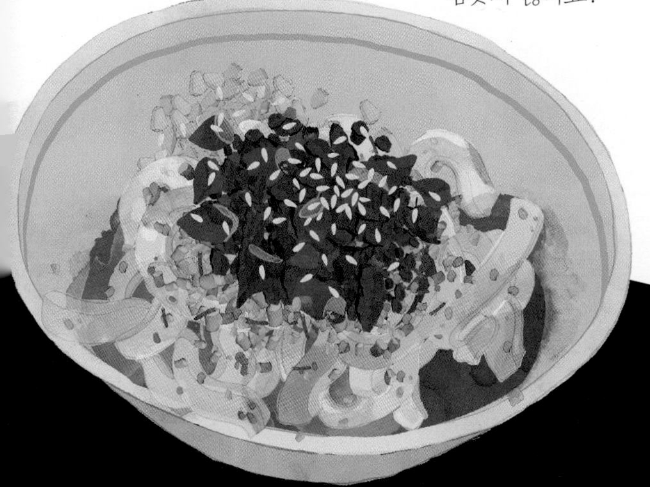

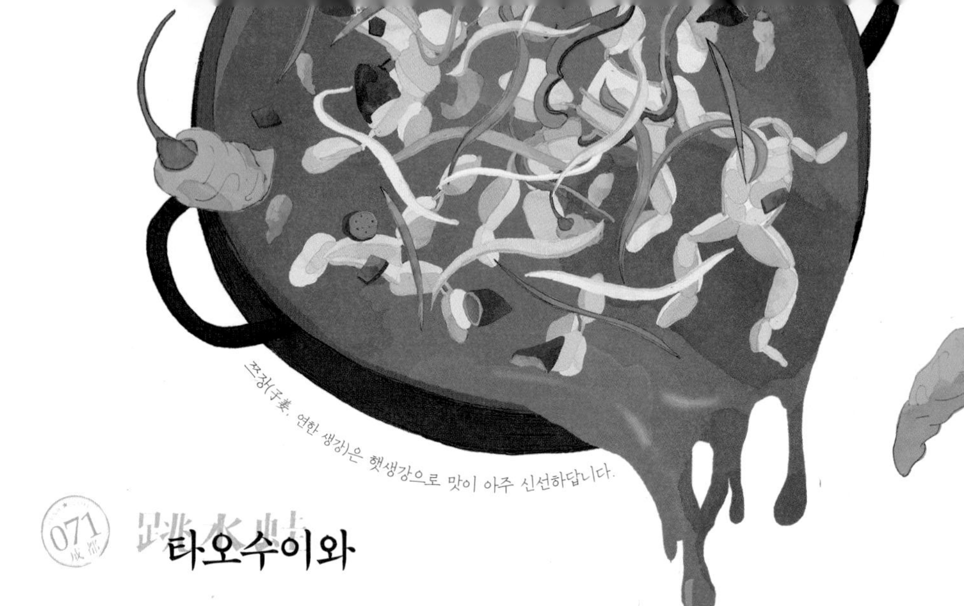

쯔장(子姜, 연한 생강)은 햇생강으로 맛이 아주 신선하답니다.

071 成都 跳水蛙 타오수이와

'수이와(水蛙, 개구리)'는 '쯔궁하오츠커(自贡好吃客)'의 특색 있는 대표 메뉴예요. 매운 고추를 넣고 만들어서 맵고, 시고, 짠맛이 강하답니다. 생강채가 제법 들어가 있으니 먹을 때 꼭 주의하세요. 자신도 모르는 사이 생강채 한두 개를 삼켜버릴지도 모르니까요. 예산자오(野山椒, 고추의 일종)가 작다고 방심은 절대 금물! 작은 고추가 매운 법이죠. 무지막지하게 매운 예산자오를 먹으면 순식간에 매운맛이 입안에 퍼져서 혈압이 몇 배나 상승할지도 몰라요. 매운맛의 강도를 비교해 보자면 이곳의 약간 매운맛이 베이징(北京)에서는 초강력 울트라 매운맛일 거예요.

요리 주재료인 개구리는 '메이와(美蛙)'를 쓴답니다. 메이와라고 해서 혹시 '예쁜 개구리'를 상상하셨나요? 아닙니다. 메이와는 '미국산 개구리'라는 뜻이에요. 이 개구리는 살코기가 많은데, 특히 뒷다리 부분이 마늘쪽처럼 토실토실해서 살점이 많답니다. 물론 맛도 아주 부드럽고 좋아요. 이렇게 매운 요리를 먹을 때 생각나는 게 하나 있죠? 맞아요. 매운 요리의 영원한 짝궁 더우화(豆花)를 빠뜨릴 순 없죠. 한 번 먹으면 멈출 수가 없을 겁니다. 아, 더우화를 만들 때 목이버섯을 함께 넣으면 훨씬 더 상쾌한 맛을 느낄 수 있어요. 이곳에서 수이와를 먹으면 자신도 모르게 볼에 곤지를 찍은 것처럼 빨개질 수도 있으니 주의하세요!

- 쯔궁하오츠커(自贡好吃客)
- 인당 60위안
- ☆☆☆☆
- ☆☆☆☆☆
- 타오수이와(跳水蛙), 타오수이투(跳水兎), 렁궈위(冷锅鱼), 더우화(豆花)
- 武侯区科华北路101号[쓰촨(四川)대학 서문 근처]
- 028-85530621
- 11:30~23:30
- 하드코어 입맛 소유자

072 成都

투나오커얼

아마 대부분의 사람은 토끼 머리 요리를 보기만 해도 몸서리칠지 모르겠어요. "토끼가 얼마나 귀여운데 어떻게 그걸 먹죠?"라고 하면서 말예요. 예전에 저는 이 세상에 토끼를 못 먹는 사람이 있다는 걸 몰랐답니다. 한번은 토끼고기를 학교에 싸 들고 가 친구들과 나눠 먹으려고 한 적이 있었어요. 하지만 뜻밖에도 몇몇 친구들은 쳐다보지도 못하는 거예요. 정말 깜짝 놀랐어요. '그래, 뭐 어때? 나 혼자 다 먹으면 되지!!' 당시 저는 자신을 토끼고기 먹기 달인(?)이라고 자부하면서 그 자리에서 뼈까지 몽땅 먹어 치웠답니다. 엄마는 저에게 토끼고기는 연하고 영양도 풍부하니 많이 먹으라고 하셨거든요.

'솽류라오마(双流老妈)'의 토끼 머리 고기는 명성이 자자하답니다. 이곳이 장사가 잘되다 보니 청두에 수많은 짝퉁 식당이 생겨났어요. 하지만 원조 불변의 법칙! 다들 잘 아시죠? 절대 원조의 맛은 못 따라가죠. 이제 토끼 머리 고기가 먹고 싶다면? 주저 말고 청두 근교에 있는 솽류로 go go!

솽류라오마투터우(双流老妈兎头)
인당 40위안
☆☆
☆☆☆☆☆
마라웨이(麻辣味), 우샹웨이(五香味)
双流县清泰路一段80号(교통국 맞은편)
028-85825978
08:00~22:00
하드코어 입맛 소유자, 주머니 가벼운 여행자

073 成都 腦花 나오화

혹시 '나오화(脑花, 뇌)'라는 말을 듣자마자 벌써부터 몸이 덜덜 떨리나요? 후후, 너무 두려워하지 말고 용기를 내서 도전해 보세요! 용기 낸 만큼 전혀 새로운 맛을 경험하게 될 거라 확신해요. 조심스럽게 젓가락으로 살짝 건드리면 물컹물컹한 느낌이 전해지는데 두부보다는 훨씬 더 탱탱하답니다. 도전해 볼 마음이 생겼나요? 그럼 이쯤에서 식당 하나를 추천해 드릴게요. 미식가들 사이에서 공유되는 정보에 의하면 '줴먀오 메이웨이(绝妙美魏)'가 나오화 요리의 절대 강자라고 합니다. 이곳의 음식에는 샤오미라(小米辣), 다터우차이(大头菜, 겨자), 마늘 등이 잔뜩 들어 있어서 하드코어 입맛 소유자들에겐 두말할 필요도 없이 딱이라고 하네요.

- 줴먀오메이웨이(绝妙美魏)
- 인당 40위안
- ☆☆☆
- ☆☆☆☆☆☆
- 나오화(脑花), 투야오(兎腰), 훠궈펀(火锅粉)
- 武侯区紫竹西街44号
- 13980744545
- 17:30~익일 새벽 01:00
- 주머니 가벼운 여행자, 하드코어 입맛 소유자

醋

원기보충 별미

마음 약한 친구들,
'어둠의 요리'의 무시무시함에
충격을 받으셨나요?
그럼 이제부터 '원기보충 별미'로
다친 마음을 치료하세요. 쓰담쓰담~

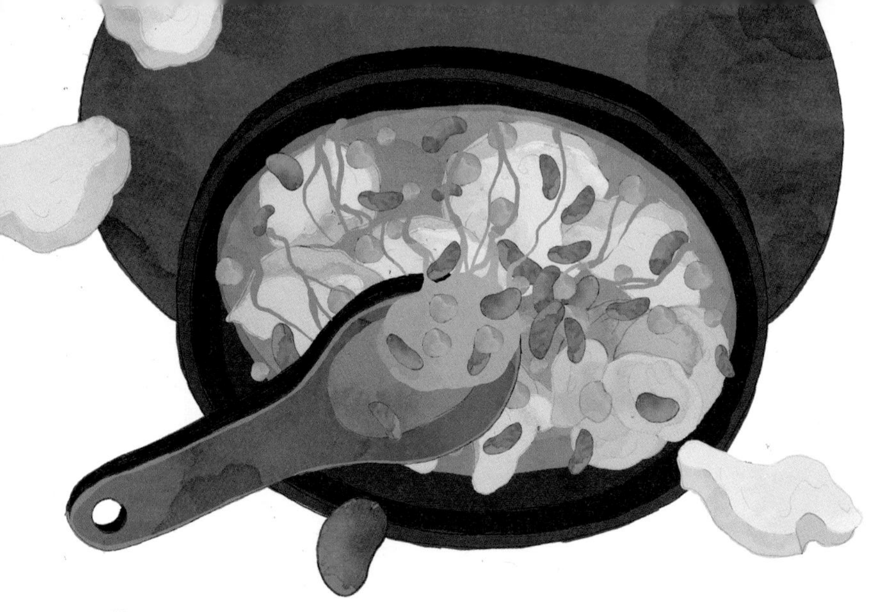

074 成都 마마좐

'마마좐(妈妈传)'이라는 이름을 들으면 왠지 푸근하고 마음의 상처가 치유되는 느낌이 들지 않나요? 제가 어릴 때 엄마는 푹 고아서 만든 음식을 자주 해주셨어요. 그때 음식을 담아주셨던 커다란 검은색 뚝배기가 생각나네요. 제 나이보다 훨씬 더 오래된 그릇이었던 것 같아요.

마마좐의 '둔핀(炖品)'*은 꽤 먹을 만하답니다. 특히 '둔탕(炖汤)'**은 산시(山西)에서 공수해온 와관(瓦罐, 뚝배기)에 담아줘서 훨씬 더 맛깔스럽죠. 재료가 흐물흐물해질 때까지 푹 삶아서 국물이 엄청나게 진하고, 맛은 비교적 담백한 편이에요. 온 가족이 함께 모여 담소를 나누며 식사를 한다면 마음이 절로 푸근해지는 걸 느끼실 거예요.

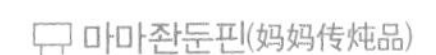

- 마마좐둔핀(妈妈传炖品)
- 인당 48위안
- ☆☆☆☆
- 은행 투지탕(土鸡汤), 화자오 페이뉴(花椒肥牛)
- 锦江区莲桂西路48号附5号
- 028-84555106
- 10:30~21:00
- 가족

* 둔핀: 푹 고아서 만든 요리

** 둔탕: 주재료에 국물을 붓고 푹 고는, 일종의 곰국

위유텐샤

魚游天下

지금까지 수많은 훠궈(火锅)를 먹어봤지만 뤄쉬안짜오(螺旋藻)*를 넣어서 초록빛이 도는 훠궈는 난생처음이었어요. 색깔부터가 다른 훠궈와는 확연한 차이를 보이잖아요? 맛도 담백한 편이랍니다. 여기에 얇게 썰어 반투명한 빛을 띠는 생선회 한 점을 넣어서 살짝 익혀 먹어 보세요. 아마 신선하면서도 독특한 맛에 깜짝 놀랄 거예요.

- 위유텐샤양성탕궈(鱼游天下养生汤锅)
- 인당 67위안
- ☆☆☆☆
- 반위펜(斑鱼片, 가물치회), 서우궁멘(手工面, 수타면)
- 金牛区永陵路23号
- 028-87770017
- 11:30~21:00
- 가족

* 뤄쉬안짜오: 스피룰리나. 고단백, 다양한 비타민, 무기질을 함유한 남조류의 다세포 생물

076 成都

라오팡쯔

'라오팡쯔(老房子)'는 3,000년 동안 땅속에 묻혀서 잠들어 있던 진사(金沙) 유적지 근처에 자리 잡고 있답니다. 그래서 이곳의 인테리어에도 진사 유적의 분위기가 많이 가미되어 있어요. 정원도 정말 크고 웅장해서 자연을 만끽하며 조용하고 편안한 분위기 속에서 음식을 즐길 수 있어요. 와~ 이곳에서는 아이패드로 주문을 받네요! 유적 분위기에 최신 기계의 조화라니, 특이하죠? 요리도 정갈하고 플레이팅도 정말 멋지답니다. 또한 이곳에서는 일부 요리에 우량예(五粮液)*를 넣어서 맛을 낸다고 해요. 음~ 정말 럭셔리 그 자체네요.

* 우량예: 수수, 쌀, 찹쌀, 옥수수, 밀 등 5가지 곡물을 재료로 빚은 술

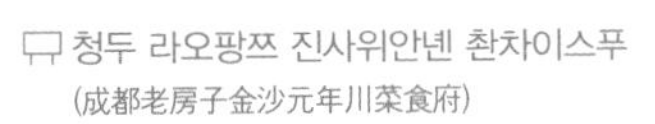
청두 라오팡쯔 진사위안녠 촨차이스푸 (成都老房子金沙元年川菜食府)

인당 300위안

☆☆☆☆☆

궁푸탕(功夫汤), 위안녠디이관(元年第一罐), 구화댜오어간(古花雕鹅肝)

青羊区金沙遗址路2号[진사박물관(金沙博物馆)공원 근처]

028-80303888

10:30~21:00

직장인, 주머니가 두둑한 사람, 가족

077 成都

钦善斋 친산자이

강한 맛에 싫증이 났다면 이번엔 좀 가벼운 맛에 도전해 볼까요? '야오산탕궈(药膳汤锅)*'는 이곳의 대표 요리로 뽀얀 국물 속에서 약재 향이 은은하게 맡아질 거예요. 이 보양탕을 한입 떠먹으면 몸도 마음도 훈훈해져서 금세 원기가 회복되는 느낌이 든답니다. 무엇보다 이 요리는 겨울에 먹어야 제격이에요. 몸이 따뜻해지거든요. 영양이 풍부한 것에 비해 조리방법은 생각 외로 간단해요. 하지만 재료 본연의 맛은 아주 제대로 잘 살렸답니다. 이곳에서 배불리 먹었다면 진리(锦里)**와 우허우츠(武侯祠)***를 한 바퀴 돌면서 칼로리를 소비시키는 것도 괜찮을 거예요.

친산자이(钦善斋)
인당 89위안
☆☆☆☆☆
야오산탕궈(药膳汤锅)
武侯区武侯祠大街247号
028-85098895, 028-85098875
11:00~14:00, 17:00~21:00
직장인, 가족

* 야오산탕궈: 약재를 넣어서 만든 탕 요리
** 진리: 삼국시대 거리를 재현해 놓은 거리
*** 우허우츠: 유비와 제갈량을 모신 사당

먹어 본 듯한

어떤 요리는 한입만 먹어도
마음속 깊은 곳의 기억을 깨우는 듯해요.

1

078 成都 川菜博物馆 촨차이 보우관

만약 여러분이 학구파라면 '촨차이 보우관(川菜博物馆)'에 꼭 가세요. 그중에서도 '후둥 보우관(互动博物馆)'은 빼먹으면 안 될 코스예요. 박물관이라니, 이름만 들으면 무슨 첨단기술과 관련된 것으로 착각할 수도 있지만 사실은 쓰촨(四川)요리를 맛볼 수 있는 전시관이랍니다. 이곳은 주방이 투명한 유리로 되어 있어서 요리사들이 조리하는 모습을 직접 볼 수 있어요. 게다가 요리 체험도 할 수 있어 전문 요리사로부터 직접 정통 쓰촨요리를 배울 수 있답니다. 하지만 수업료가 조금 비싸다는 게 흠이에요. 제가 이곳에 갔을 땐 외국인 여행객들도 있었는데 그들은 하나같이 'kunpao chicken[궁바오지딩(宫保鸡丁)]'* 만드는 법을 배우고 싶어 했어요. 드라마에서 먹는 것을 자주 본 듯해요. 중국요리가 세계적인 트렌드가 된 듯해 왠지 어깨가 으쓱해지네요. 이곳 요리사들은 칼질 기술이 대단한 것 같아요. 고기를 얼마나 얇게 잘 써는지! 참, 이곳엔 '쏸니 바이러우(蒜泥白肉)'** 와 '단단몐(担担面)'*** 도 정말 맛있답니다. 그릇도 주머니에 쏙 들어갈 정도로 앙증맞게 생겼어요. 이걸로 소꿉장난하라는 건가요? 하하.

배불리 먹었다면 소화를 시킬 겸 다른 곳도 한번 둘러보세요. 뎬창관(典藏馆)에는 '세계 미식의 도시'로 수상받은 상패가 보관되어 있답니다. 유엔(UN)으로부터 공식적으로 인증받은 것이라고 해요. 제가 들기론 청두(成都)가 아시아에서 이 상을 받은 첫 번째 도시라고 하네요. 아~ 쓰나미처럼 밀려오는 이 감동. 정말 뿌듯해요!

촨차이보우관(川菜博物馆)
인당 65위안
☆☆☆☆½
쏸니 바이러우(蒜泥白肉), 마포더우푸(麻婆豆腐), 쏸먀오 후이궈러우(蒜苗回锅肉), 단단몐(担担面), 총자오 투지(葱椒土鸡)
郫县古城镇
028-87918008
09:00~20:00
외국인, 식견을 넓히고자 하는 사람, 트렌드세터

* 궁바오지딩: 튀긴 닭고기와 땅콩, 고추 등을 넣고 매콤하게 만든 요리

** 쏸니 바이러우: 돼지고기 수육에 다진 마늘로 만든 소스를 끼얹어서 먹는 요리

*** 단단몐: 맵고 얼큰한 양념을 넣어서 먹는 쓰촨의 향토 국수

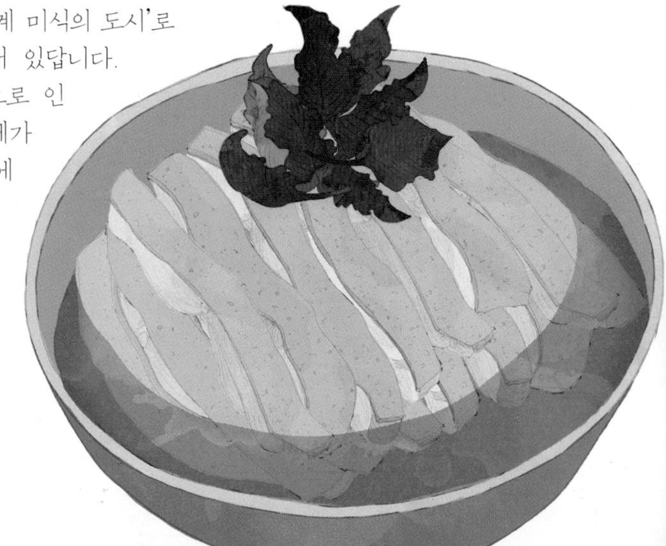

쓰촨 특산

四川 特產

여러분들이 지금 이걸 보면 잠시 잊고 있었던 옛 기억이 다시금 새록새록 떠오를 거예요. 포장지만 보고도 "아~ 이거!" 하며 무릎을 탁 칠지도 몰라요. 그리고 포장지를 뜯어서 땅콩 한 알을 입안에 넣으면 이내 옛 추억 속으로 빠져들게 될 거예요. 머릿속에서 어린 시절의 모습이 빛바랜 사진처럼 스쳐 지나가지 않나요? 엄마의 손을 잡고 신나게 놀이공원에 갔던 아련한 기억들이요…….

079

상쑤화성

香酥花生

080 成都

乐山钵钵鸡 러산 보보지

오늘 저는 mumu랑 옛날에 다니던 고등학교를 가봤어요. 일종의 추억여행이라고 할 수 있죠. 그런데 이번 여행으로 안타까운 사실 하나를 발견하게 됐어요. 제 기억력이 과히 좋지 않다는 것을요……. 눈에는 익은데 선생님들의 성함이 도저히 생각나지 않는 거예요. 하지만 이거 하나는 생생하게 기억나요. 그땐 자습을 마치고 저녁 7~8시가 되어야 집으로 돌아가곤 했는데 그 시간이면 늘 배가 등가죽에 달라붙었죠. 그럴 때면 친구들과 함께 '보보지(钵钵鸡)'를 몇 개씩 사 먹었어요. 보보지를 먹으면 낮에 공부하면서 받았던 스트레스가 싹 사라져 버리는 듯했죠.

보보지는 단순한 닭요리가 아니에요. 쓰촨 러산(樂山)이 원조인 미식 중의 미식이라고 할 수 있죠. 청두에도 꽤 괜찮은 보보지 가게가 있어요. 두푸차오탕(杜甫草堂) 옆에 있는 '러산 보보지(樂山钵钵鸡)'가 바로 그곳이에요. 누가 봐도 확실한 '창잉관쯔(苍蝇馆子)'랍니다. 창잉(파리)관쯔라고 해서 파리를 파는 곳으로 오해하면 안 돼요. 작고 허름한 가게를 그렇게 부른답니다. 하지만 이따금 이런 곳에서도 큰 식당에서 맛볼 수 없는 환상적인 맛을 경험할 수 있어요. 이곳에서는 보보지를 불그스름한 고추기름 국물에 푹 담가서 주는데 국물에는 흰깨가 둥둥 떠다녀서 보기만 해도 입맛을 자극한답니다. 보보지는 차갑게 해서 여름에 먹어야 제맛이에요. 하나씩 먹다 보면 어쩌다 닭고기가 아닌 다른 것이 발견되기도 해요. 잘 뒤적거려보세요. 대박! 투야오(兎腰, 토끼 콩팥)도 있어요.

- 러산보보지(乐山钵钵鸡)
- 인당 18위안
- ☆☆☆
- 지좌좌(鸡爪爪), 소고기
- 青羊区草堂北路16号附19号
- 주머니 가벼운 여행자, 하드코어 입맛 소유자

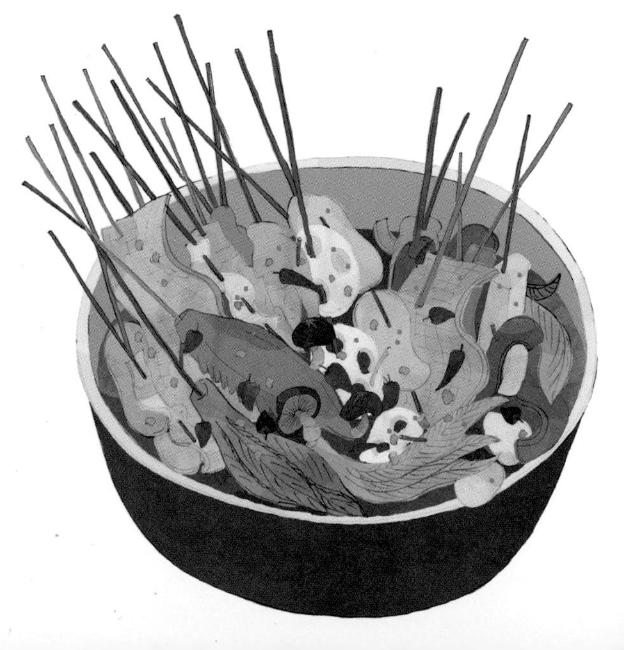

081 成都

西昌火盆烧烤 시창훠펀 사오카오

이곳에서 파는 '사오카오(烧烤)'는 어릴 때 먹던 그 맛 그대로예요. 숯불로 구워서 그런가 봐요. 불이 다르면 고기 맛도 자연히 달라지죠. 이곳의 사오카오는 바바사오카오(坝坝烧烤, 야외숯불구이)식으로 8~9명이 숯불 주위에 둘러앉아서 먹는 그 맛은 정말 끝내준답니다. 고기는 비계가 조금 있어야 더 맛있어요. 특히 새끼 돼지고기를 덩어리째 구우면 겉은 바삭하고 속은 부드러우며, 껍질에서 기름이 계속 흘러나와 표면에 윤기를 내줘서 한층 더 먹음직스러워 보이죠. 이곳에 오면 '미즈 우화러우(秘制五花肉, 특제 삼겹살)'와 '샹라지피(香辣鸡皮)'* 를 꼭 시켜 먹어야 해요. 닭 껍질은 바삭하게 구울수록 더 맛있답니다. 여기에 하이자오(海椒) 소스를 찍어 먹으면 너무 매워서 마치 혓바닥에 불이 붙는 느낌이 날 거예요. 가게 주인은 시창(西昌) 출신인데 알아듣기 힘든 사투리로 이렇게 말했답니다. "시창 사람들은 매븐(매운) 걸 참 좋아하지. 꼬칫가루(고춧가루)를 많이 먹으면 위가 튼튼해지거든. 아가씨는 나만큼 꼬칫가루를 많이 못 먹어 봤을 거요. 내가 예전에는 시창 충하이(邛海) 부근에서 꾸이(구이)집을 했거든."

'바오신 체쯔(包心茄子)'는 정말 참신한 요리예요. 먹는 방법을 알려드릴게요. 먼저 가지 하나를 통째로 불판 위에 올려두고 가만히 두세요. 10여 분이 지나면 꺼내서 반으로 가르세요. 여기에 특제 소스를 뿌려서 먹으면 맛의 신세계를 경험할 수 있을 거예요. 새콤달콤한 것이 정말 독특하답니다. 주인은 맛의 비법에 대해서 이렇게 말했어요. "칭뚜(청두)에는 먹을 만한 조미료가 읎써(없어). 내가 쓰는 건 다 시창에서 가져온 거라오." 그의 정겨운 사투리가 아직도 귓가에 생생하네요.

* 샹라지피: 맵고 알싸한 맛이 나는 닭 껍질로 만든 요리

- 츠시창-펑웨이사오카오(吃西昌-风味烧烤)
- 인당 68위안
- ☆☆☆☆
- 카오다체(烤大茄), 카오루주 퉈퉈러우(烤乳猪坨坨肉), 카오미즈 우화러우(烤秘制五花肉)
- 锦绣大道1271号[2.5환(环) 청룽루(成龙路) 입구 쓰촨(四川)사범대학 남대문 근처]
- 18030693645, 18030693124
- 17:30~24:00(17:30 전에는 영업하지 않음)
- 학생, 어린이 입맛 소유자, 가족, 하드코어 입맛 소유자

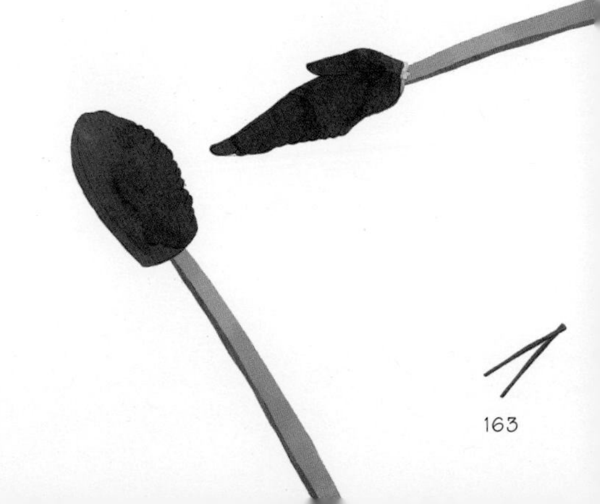

시간의 맛

시간이 빚어낸 깊고 좋은 맛

082 成都 郫县豆瓣 피쉬안 더우반

맛을 결정짓는 건 음식의 재료! 그러니 아무 재료나 막 사용해선 안 돼요. 최상의 품질만 사용해야 한답니다. 쓰촨(四川)요리를 할 때는 주재료와 부재료의 품질뿐만 아니라 배합도 매우 중요한데요. 청대(清代) 시인 위안메이(袁枚)는 〈쑤이위안스단(随园食单)〉에서 이렇게 말하기도 했죠. "무릇 모든 사물에 선천적인 특성이 있듯이, 사람도 각자 타고난 재능이 있다." 이렇듯 재료의 특성을 제대로 파악하지 못해 배합을 잘못하게 되면 맛도 자연히 떨어지게 됩니다.

'피쉬안 더우반(郫县豆瓣, 비현 청국장)'을 만들려면 먼저 '자오(椒)*'를 만들어야 해요. 이때 고추는 입추가 되기 전 무마산(牧马山)에 심은 얼징탸오(二荆条)를 사용해야 하는데 가늘고 길며 선명한 붉은색을 띠는 것이 가장 신선하고 좋답니다. 이것을 우물물로 깨끗하게 씻어서 햇볕에 잘 말린 후 잘게 다져요. 그런 후에 쯔궁징옌(自贡井盐)**과 잘 배합해서 항아리에 담아둡니다. 이때 항아리 선택도 잘해야 해요. 쓰촨 런서우(仁寿) 현의 붉은 흙으로 빚어 장작불로 구운 것이 최상품이랍니다. 항아리에 담은 재료는 삼복 태양 아래에서 3개월 동안 잘 말려야 해요. 그다음은 '반(瓣)'***을 만들 차례예요. 먼저 피쉬안 현지에서 생산되는 얼류반(二流板) 칭피다후더우(青皮大胡豆, 푸른 누에콩)를 나무통에 넣고 끓는 물을 부어요. 여기에 콩가루와 찹쌀을 넣고 발효를 시키죠. 마지막으로 햇볕에 잘 말린 고추를 배합해서 넣으면 돼요. 이것을 6개월 동안 잘 뒤척여주고, 말려주고, 통풍시켜주면 정통 피쉬안 더우반의 깊은 맛이 완성됩니다. 촨차이(川菜) 박물관에 다녀온 친구들은 꼭 이 피쉬안 더우반을 몇 통씩 사 들고 오더라고요.

* 자오: 고춧가루, 산초가루, 다진 생강과 마늘을 넣고 만든 고추장의 일종

** 쯔궁징옌: 쓰촨 쯔궁에서 생산되는 정염(염분을 함유한 우물물로 만든 소금)

*** 반: 누에콩에 콩가루와 찹쌀을 넣고 발효시켜 만든 청국장의 일종

피쉬안 더우반 만드는 법

制椒
'자오' 만들기
1 얼징탸오는 가늘고 길며 선명한 붉은색을 띠는 것이 가장 좋다.
2 우물물로 깨끗하게 씻어서 잘 말린 후 잘게 다진다.
3 천일염을 넣어 잘 배합한 후 항아리에 담는다.
4 강한 햇볕 아래에서 3개월 정도 말린다
制瓣
'반' 만들기
5 청피다후더우를 나무통에 넣고 끓는 물을 부은 후 콩가루와 찹쌀을 넣고 발효시킨다.
混合
배합
6 말린 고추와 잘 배합해서 6개월 동안 뒤척이기와 햇볕 쬐기를 반복한다.
成功
완성
Page :
20 年 月 日

쓰촨 파오차이 담그는 법
选菜
채소 선택
❶ 가장 신선한 제철 채소를 골라 깨끗이 씻어
물기를 제거한 후 항아리에 넣는다.
❷ 소금과 찬물을 1:50 비율로 섞는다.
制水
물 만들기
❸ 항아리에 생강, 향료, 술, 흑설탕을 넣는다.
❹ 마른 고추, 마늘, 산초를 넣는다. 마른 고추는 맛을 내고,
마늘은 균을 죽이며, 산초는 향을 더한다.
❺ 라오옌수이(老鹽水, 다년간 반복적으로 절인 쓰촨 김치 물. 여러 가지
채소를 절여 시큼하면서도 복합적인 향이 남)를 넣어 발효시킨다.
❻ 항아리에 맑은 물을 넣고 봉한 후 오랫동안 보관한다.
封坛
밀봉

채소는 완전히 물속에 푹 잠겨야 해요. 그렇지 않으면 쉽게 변하고 말라버린답니다. 조심조심~

얼차이는 보탑(宝塔) 모양의 독특한 채소로 잎이 부드럽고 여려서 청두(成都) 사람들이 무척 좋아해요.

四川泡菜 쓰촨 파오차이

쓰촨 지역에서는 집에서 직접 김치를 담가 먹는 것을 선호해요. 그냥 먹기도 하고, 요리할 때 재료로 사용하기도 하죠. 김치를 담글 때는 많은 주의가 필요한데 그중에서도 반드시 고추와 생강은 따로 절여야 해요. 함께 절이게 되면 생강이 고추살을 먹어버려 고추가 홀쭉하게 껍질만 남게 돼 맛이 없어지거든요.

쓰촨 사람들은 산지의 제철 무와 얼차이(儿菜)로 담근 김치를 가장 좋아한답니다. 김치 중에서 난이도가 가장 높은 것은 칭차이(青菜) 김치예요. 잘못 담그면 썩고 변질이 되기 쉽지만 잘 담그면 몇 년씩 두어도 항상 신선함을 유지할 수 있죠. 그럼 칭차이를 어떻게 하면 잘 담글 수 있을까요? 타고나기를 어떤 사람은 담그기만 하면 하얀 곰팡이가 생기는 한편, 어떤 사람은 기름 묻은 손으로 쓱쓱 담가도 하얀 곰팡이가 생기지 않을뿐더러 맛도 좋지요. 그리고 김치를 담글 때는 반드시 손을 사용하세요. 쓰촨 식당에서 반찬으로 나오는 김치는 일반적으로 시자오 파오차이(洗澡泡菜, 겉절이)로 조리방법은 일반 김치와 같아요. 단, 절이는 시간이 짧아 하루 저녁만 지나도 먹을 수 있어요.

084 成都 泡椒凤爪

파오자오 펑좌

청두의 차이스(菜市, 채소 시장)에 가면 서민생활의 정취를 느낄 수 있어요. 다양한 채소뿐만 아니라 조리된 식품도 살 수 있죠. 시장에서 파는 음식이라고 얕보면 절대 안 돼요. 보잘것없는 김치통에 담겨 있다고 해도 그 안에 깜짝 놀랄 만큼 맛있는 것이 담겨 있을 수도 있답니다. 시장 음식의 관건은 신선함에 달려 있다고 해도 과언이 아니에요. 금방 만들어낸 따끈한 음식과 전자레인지로 데운 음식의 맛은 확실히 다르니까요.

만약 시장에서 유리 용기에 담겨진 붉은빛과 초록빛의 음식을 봤다면 그건 분명히 '파오자오 펑좌(泡椒凤爪, 고추김치 닭발)'일 거예요. 이름처럼 '봉황의 발'로 만든 것은 아니에요. 닭발을 약간 미화시켜서 이름 붙인 것이죠. 맛깔스러운 이 음식은 청두 사람들이 심심풀이로 먹는 간식이에요. 특히 '볜스차이건샹(卞氏菜根香)'의 닭발은 항아리에 담아 만든 것이어서 정말 쫄깃하답니다.

- 볜스차이건샹(卞氏菜根香)
- 인당 55위안
- ☆☆☆☆
- 파오자오 펑좌(泡椒凤爪), 쓰촨 파오차이(四川泡菜), 선셴지(神仙鸡)
- 武侯区航空路7号华尔兹广场2楼[신시왕로(新希望路) 근처]
- 028-85226767
- 11:30~14:00, 17:00~21:00
- 어린이 입맛 소유자, 주머니 가벼운 여행자, 가족

파오자오 펑좌 만드는 법
煮
끓이기
1
닭발을 깨끗하게 씻어서 끓는 물에 데친 후 적당히 자른다
2
채소를 넣고 하루 정도 담가둔다
泡
담그기
완성
大功告成
Page :

우리집 집밥

이제부터 소개되는 요리는 모두 kiki의 가족과 친구들이 뽑아준
최고의 집밥 요리예요. 직접 만들어서 양도 푸짐하답니다.

거짓말~ 나옹~

저는 쓰촨(四川)요리를 만들 때 감(感)으로 만든답니다.

그 감은 오랜 경험에서 우러나오는 거죠!

라오차오얼 펀쯔단

저만의 집밥 요리예요. 문득 기억 속에서 되살아 난 맛이랍니다. 초등학교에 다닐 때 저는 매일 아침 7시에 일어나서 학교 갈 준비를 해야 했어요. 그래서 부모님도 덩달아 일찍 일어나셔서 저를 위해 아침밥을 준비해야 했죠. 그런데 얼마 못가 늦잠의 달콤함을 이기지 못하고 꾀를 내셨어요. 바로 제게 스스로 아침밥 만드는 법을 가르쳐 주는 것이었답니다. 이때 배운 요리가 '라오차오얼 펀쯔단(醪糟儿粉子蛋)' 이었어요. 이 요리를 해서 저만 먹었던 건 아니랍니다. 만드는 김에 달걀 두 개를 더 삶아서 부모님 것까지 만들어 드렸죠. 만든 후에 식지 않게 잘 덮어두면 두 분께선 나중에 일어나서 드시곤 하셨어요.

난이도: ☆☆
주재료: 탕위안(汤圆),* 달걀
부재료: 라오짜오(醪糟), 백설탕

* 탕위안: 찹쌀가루 등을 새알 모양으로 빚은 것으로 대부분 소를 넣어 만듦.

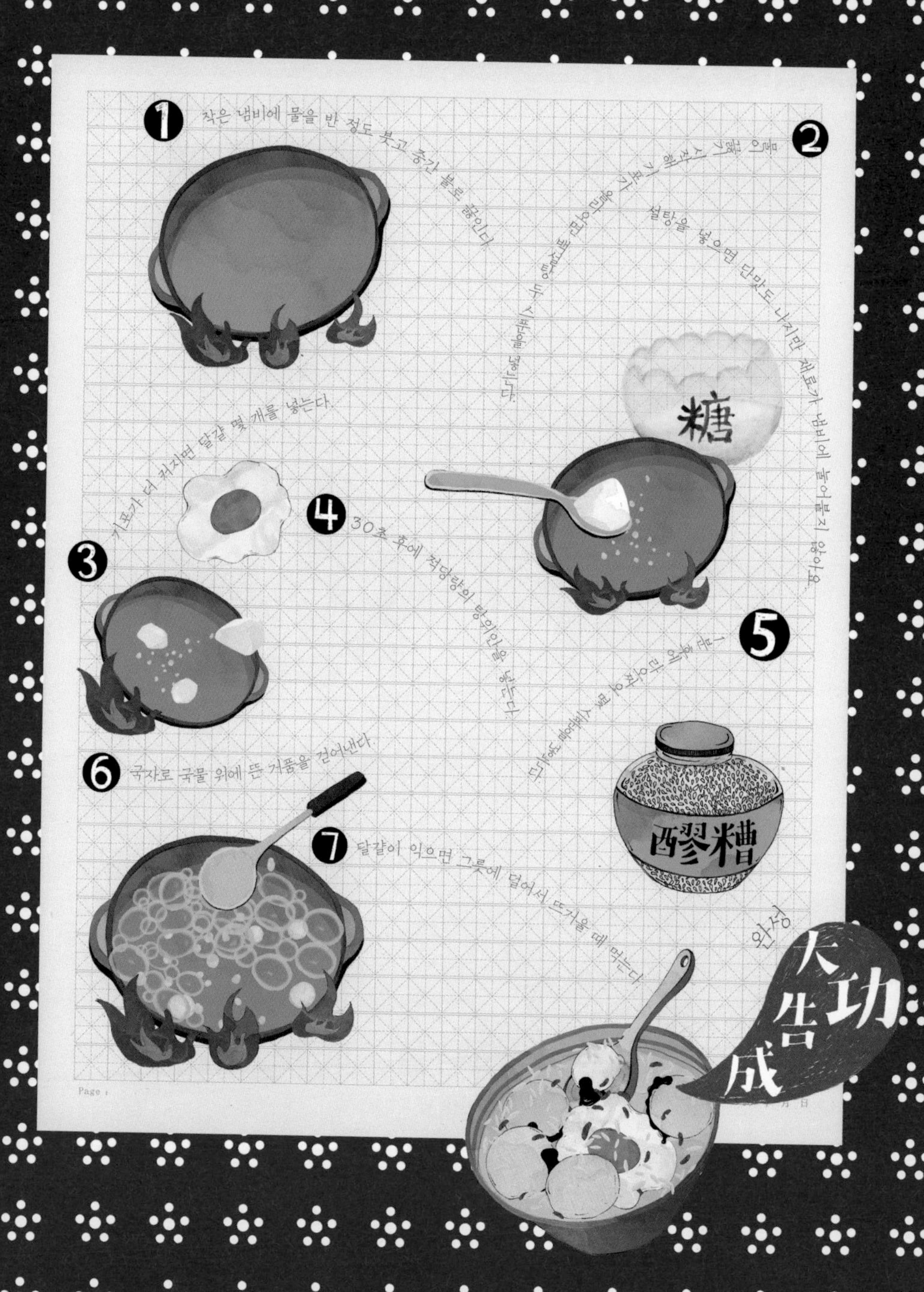
1 작은 냄비에 물을 반 정도 붓고 중간 불로 끓인다
2 물이 끓기 시작해 기포가 올라오면 백설탕 두 스푼을 넣는다.
설탕을 넣으면 단맛도 나지만 재료가 냄비에 눌어붙지 않아요.
糖
3 기포가 더 커지면 달걀 몇 개를 넣는다.
4 30초 후에 적당량의 탕위안을 넣는다
5 1분 후에 라오짜오 몇 스푼을 넣는다
醪糟
6 국자로 국물 위에 뜬 거품을 걷어낸다
7 달걀이 익으면 그릇에 덜어서 뜨거울 때 먹는다
완성
大功告成
Page
月 日

1 동그란 양배추 한 개를 준비한다.
2 양배추를 칼로 자르지 말고 손으로 조각조각 뜯어서 그릇에 담아둔다.
3 팬에 기름을 약간 두른다. 1인분에 차이쯔유 25g 정도가 적당하다.
4 샹오미라와 붉은 후추를 넣고 볶은 후
5 조각낸 양배추를 넣고 센 불로 잠시 볶는다. 오래 볶으면 양배추가 물러지니 주의한다.
6 이렇게 볶아낸 양배추는 기름기도 별로 없고 식감도 아삭하다.
완성
大功告成
Page :
20 年 月 日

086 炝莲花白 창롄화바이

'창롄화바이(炝莲花白)'는 할머니가 만들어 주시던 집밥 요리예요. 제가 좋아하는 채소볶음 요리 중 하나이기도 하고요. 몇 분 만에 뚝딱 만들 수 있는 초간단 요리로 센 불에 볶아서 채소의 아삭아삭하고 상큼한 맛이 잘 살아 있답니다.

어릴 때 저는 밥 먹는 걸 싫어하는 아이였어요. 고모부의 표현을 빌리자면 제게 밥을 먹이는 건 꼭 고양이한테 밥을 먹이는 것과 같았다고 해요. 당시 제가 밥을 잘 먹지 않자 할머니는 귀여운 아이디어를 내셨죠. 밥을 다 먹지 않으면 곰보가 될 거라고 협박 아닌 협박을 하셨답니다. 하지만 효과는 별로 없었어요. 그렇게 밥을 잘 먹지 않는 아이였지만, 단 하나 그릇까지 싹싹 핥아먹을 정도로 잘 먹는 음식이 있었답니다. 바로 할머니께서 만들어주신 창롄화바이였어요. 요즘은 먹고 싶어도 먹을 수 없는 음식이 되어버렸죠. 젓가락 들 힘조차 없을 정도로 할머니의 기력이 쇠약해지셨기 때문이에요. 대신에 할머니께서 만드는 방법을 자세하게 들려주셨어요. 제가 만들어도 할머니와 똑같은 맛이 날지 한번 도전해 봐야겠어요.

난이도: ☆☆☆

주재료: 롄화바이(莲花白, 양배추)

부재료: 차이쯔유(菜籽油, 채유), 샤오미라(小米辣), 붉은 후추, 바오닝추(保宁醋, 바오닝 지역의 특산 식초), 백설탕, 소금

미즈 량반투

청두(成都) 사람들은 토끼고기를 엄청 즐겨 먹는답니다. 육질이 연하고 부드러울 뿐만 아니라 영양도 풍부하거든요. 특히 무쳐서 먹으면 정말정말 맛있어요. 옛말에 따르면 작은 동물일수록 그 단백질이 인체에 더 잘 흡수된다고 하네요. 이 '특제 량반투(秘制凉拌兎)'는 큰고모의 친구분이 알려준 집밥 요리랍니다. 그분이 정성껏 레시피를 만들어서 친한 친구들에게 전해줬다고 해요. 자자, 여러분도 어서 만들어보세요!

난이도: ☆☆☆☆

주재료: 투러우(兎肉)

부재료: 산초, 생강, 타이허 더우츠(太和豆豉), 간장, 다진 마늘, 파, 백설탕, 수유하이자오(熟油海椒), 식초, 땅콩, 참깨

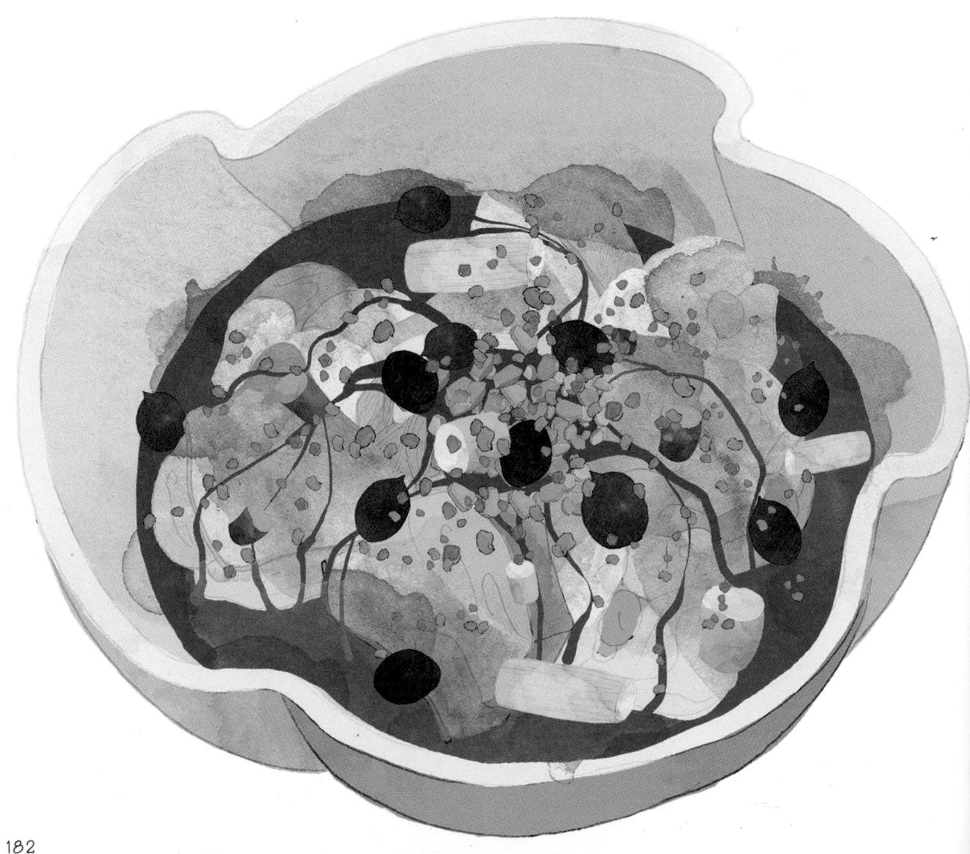

1 토끼고기를 두 근 정도 준비해서 깨끗이 씻은 후 냄비에 넣고 고기가 잠길 때까지 찬물을 붓는다.
2 산초, 생강을 적당량 넣고 8분 정도 끓인 후 불을 끈다.
3 10분 정도 뜸을 들인 후 꺼내서 식힌 다음 작게 잘라서 그릇에 담아둔다.
4 타이히 더우츠 15~20g, 간장, 다진 마늘, 파, 백설탕, 수유하이자오 90~150g을 넣고 잘 섞어준다.
5 맛술, 원하면 식초를 적당히 넣는다.
6 땅콩 100g을 볶는다. 그중 50g 정도는 잘게 다져둔다.
7 다져둔 땅콩을 냄비에 넣고 잘 섞어준 후 양념을 약간 넣고 다시 잘 섞어준다.
8 마지막으로 위에
파, 흰깨,
Page :
20 年 月 日
완성
大功告成

수유하이자오 만드는 법

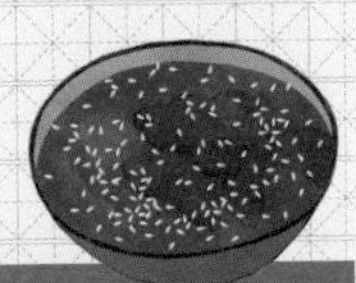

하나. 팬에 차이쯔유(菜籽油, 채유)를 붓고 양파와 팔각(八角)을 넣고 80% 정도 익을 때까지 볶는다.

둘. 여기에 호두와 땅콩을 넣고 기름에 재료의 향이 배일 때까지 볶은 후 불을 끈다.

셋. 기름 안에 든 재료를 모두 건져내고 기름을 살짝 식힌다. 식힌 기름에 하이자오가루를 넣는다.

넷. 마지막으로 흰깨를 넣는다.

欲罢不能爽辣虾 위바부넝 솽라샤

저희 엄마의 신메뉴 집밥이랍니다. 이 요리를 처음 먹었을 때 너무 맛있어서 그릇이 닳을 정도로 박박 긁어먹었어요. 젓가락질을 멈출 수 없게 만드는 이 요리의 핵심 포인트는 바로 만능 양념 수유하이자오(熟油海椒)에 있어요. 이 양념은 미리 만들어 놓으면 편리하답니다. 하이자오는 쓰촨(四川)요리를 할 때 빠뜨릴 수 없는 재료 중 하나예요. 요리할 때 기름의 온도가 높을수록 음식의 맛은 좋아지고, 온도가 낮을수록 음식은 매워져요. 만약 아주 매운 고춧가루가 필요하면 차오톈자오(朝天椒)를 사용하면 되고, 너무 매운 게 싫다면 얼징탸오(二荆条)를 쓰면 돼요. 아니면 이 두 종류를 섞어 쓰는 것도 괜찮답니다.

난이도: ☆☆☆☆☆

주재료: 샤오룽샤(小龙虾, 작은 바닷가재)

부재료: 소금, 생강, 붉은 후추, 마늘, 파, 맛술, 차이쯔유(菜籽油), 양파, 팔각(八角), 호두, 땅콩, 하이자오가루(海椒面)

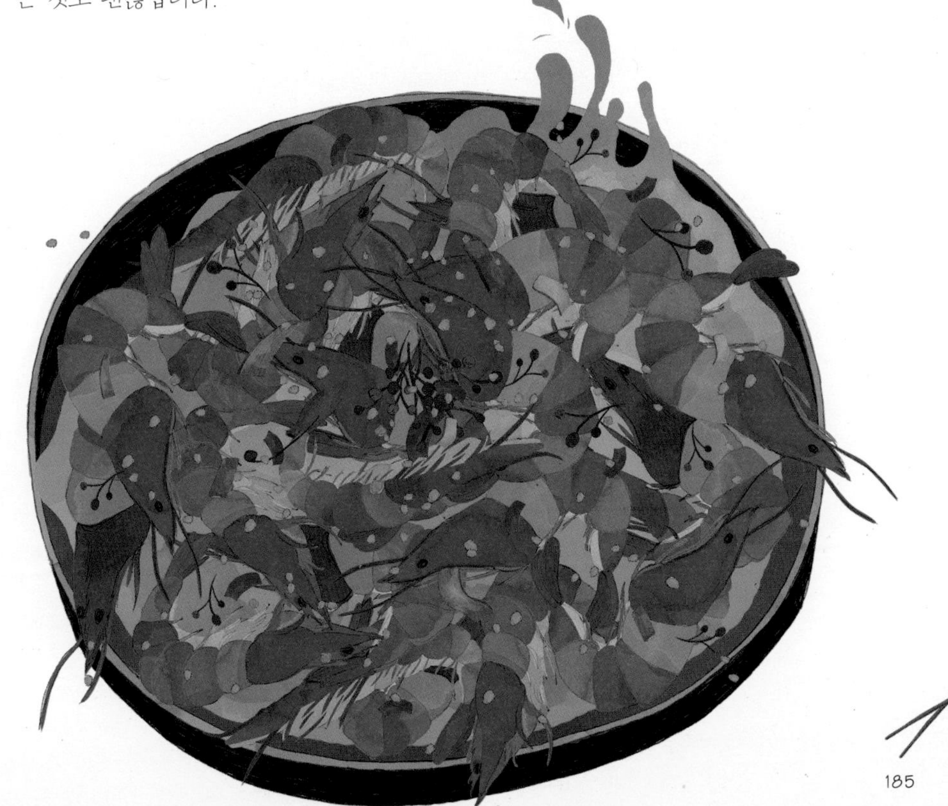

다구마 셴사오바이

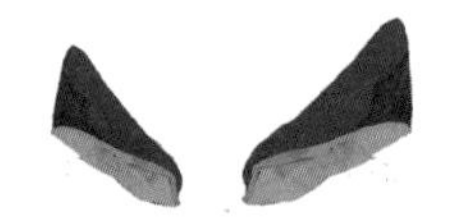

청두에서 설을 맞게 된다면 자오쯔(饺子, 만두)는 못 먹을지 몰라도 '톈사오바이(甜烧白)'나 '셴사오바이(咸烧白)'는 먹을 수 있을 거예요. 이건 정말 재밌는 커플 요리예요. 하나는 달고 하나는 짜고, 하나는 희고 하나는 검고. 그릇에 담았다가 접시에 엎어서 동그랗게 모양을 낸 이 요리는, 온 가족이 모여서 단란하게 지내라는 좋은 의미가 담겨 있다네요. 언제부터 시작된 요리인지는 모르겠어요. 식탁에서 셴사오바이를 처음 대면한 후 저는 이 친구한테 홀딱 빠지고 말았답니다. 위에 덮여 있는 돼지껍질은 엄청 쫄깃쫄깃해요. 삼겹살의 비계에서 흘러나온 기름을 야차이(芽菜)가 몽땅 흡수해 버려서 느끼하지도 않고, 야차이도 삼겹살의 기름이 배어서 훨씬 더 맛있어요.

이 요리는 원래 큰고모의 집밥 메뉴였어요. 어릴 때는 이렇게 맛있는 요리를 만들 줄 아는 큰고모가 어마어마하게 위대해 보였답니다. 하지만 지금은 조카한테 레시피를 도둑맞아 버리셨네요. 히히!

파오자오(泡椒, 고추김치)는 말의 귀처럼 잘라야 해요. 어슷하게 썰라는 말이죠. 그래야 간도 잘 배고 색도 예쁘게 든답니다.

난이도: ☆☆☆☆

주재료: 우화러우(五花肉)

부재료: 생강, 화자오(花椒), 맛술, 꿀, 간장, 백설탕, 야차이(芽菜), 둥차이(冬菜), 타이허 더우츠(太和豆豉), 파오자오(泡椒)

1 삼겹살 한 덩어리를 준비해서 살짝 씻은 후 삶아서 80~90% 정도 익힌다.
2 여기에 저민 생강, 화자오, 맛술을 넣고 끓여서 누린내를 제거한 후 꺼내서 그릇에 담아둔다.
3 팬을 센 불에 달군 후 기름을 두른다.
4 돼지껍질에 꿀을 바른 후 기름을 두른 솥에 넣어서 살짝 튀긴다.
5 돼지껍질이 황금색을 띠면 꺼내서 얇게 편으로 썬 후 그릇에 담는다.
6 편으로 썬 돼지껍질에 간장과 백설탕을 뿌려서 잠시 재워둔다.
7 다진 화자오, 야차이, 둥차이를 기름 두른 팬에 넣고 볶다가 적당량의 타이허 더우츠와
파오자오 2개를 넣고 계속 볶는다.
마지막으로 백설탕을 넣고 조금 더 볶는다.
8 재워둔 돼지껍질을 그릇 바닥에 켜켜이 깐다.
그 위에 볶은 야차이와 둥차이를 그릇에 꽉 차게 담는다.
9 이것을 그릇째 40분 정도 찐다. 다 쪄지면 그릇을 접시에
엎은 후 모양을 잡으면서 음식을 그릇에서 빼낸다.
완성
大成功
Page :

전통 탕위안신쯔 만드는 법

얼구마 텐사오바이

'텐사오바이'의 핵심은 바로 신쯔(芯子, 소)의 맛에 달려 있답니다. 이 신쯔 만들기 고수 한 분을 소개해 드릴게요. 바로 저의 둘째 고모예요. 예전에 둘째 고모부께서 고모가 직접 만든 신쯔를 보내주신 적이 있었는데 엄마는 받은 신쯔를 옆집에도 나눠주셨어요. 이틀이 지나고 문을 두드리는 소리에 나가보니 이웃집 아주머니였어요. 아주머니는 겸연쩍은 듯한 얼굴로 엄마에게 이렇게 말했답니다. "캉칭 엄마, 전에 주신 그 신쯔 정말 맛있네요. 남은 게 있으면 좀 더 얻어갈 수 있을까요?"

신쯔 만드는 건 너무 힘들어요. 한 번 만드는 데 하루가 꼬박 걸린답니다. 신쯔 반죽은 손으로 잘 치대야 맛있거든요. 만들기는 힘들지만 그만큼 보람은 있답니다.

난이도: ☆☆☆☆
주재료: 바오레이러우(宝肋肉)
부재료: 검은깨, 땅콩, 호두, 백설탕, 흑설탕, 성주유(生猪油, 굳힌 돼지기름), 찹쌀

바오레이러우는 껍질이 있는 등심이에요.

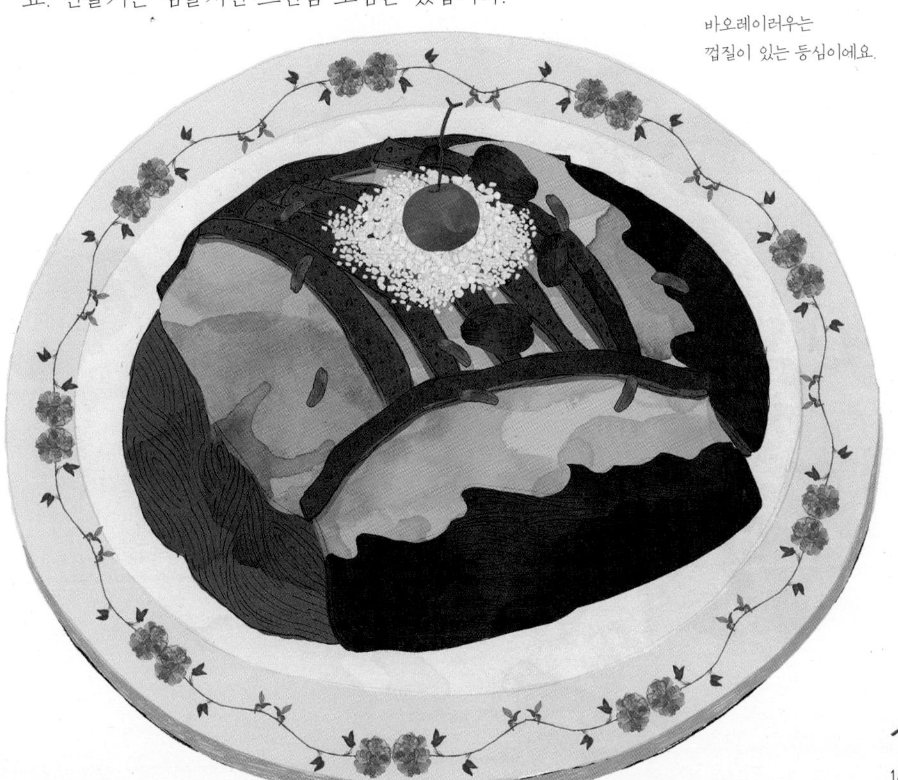

얼구마 뉴러우간

방학 때마다 둘째 고모는 시간이 날 때면 '뉴러우간(牛肉干, 말린 소고기)'을 몇 근씩 만들어서 보내주시곤 하셨어요. 그러면 저는 이걸 다시 진공 포장해서 친구들과 선생님께 맛보라고 나눠줬답니다. 배송비까지 부담하여 보내줬더니 다들 너무 좋아하더군요. 호호! 우리 둘째 고모는 '요리의 신'인가 봐요. 둘째 고모가 만든 뉴러우간은 맵지도 않고, 특이하게 단맛이 살짝 돈답니다. 만들 때 설탕을 살짝 넣어줘서 그런가 봐요. 설탕은 단맛도 내지만 뉴러우간의 색깔도 선명한 붉은빛이 돌게 한다고 하네요.

난이도: ☆☆☆☆

주재료: 뉴베이류러우(牛背柳肉)

부재료: 팔각(八角), 싼나이(三奈), 차오궈(草果), 샹예(香叶), 계피, 생강, 화자오(花椒), 차이쯔유(菜籽油), 백설탕, 하이자오가루(海椒面), 화자오가루(花椒面), 지징(鸡精, 닭고기 다시다), 흰깨, 소금

소고기와 설탕의 비율은 소고기 5근에 설탕 50g이에요.

1
둘째, 고모표 뉴러우간을 만들려면 뉴베이류러우를 준비해야 한다.
2
물에 팔각, 싼나이, 차오궈, 샹예, 계피, 생강, 화자오와 소고기를 넣고 1시간 동안 끓인다.
3
소고기가 익으면 건져서 물기를 빼고
잘 식힌 후 길쭉하게 썰어둔다.
4
팬에 기름을 두르고 센 불로 달군다. 기름에서
매운 향이 나면 불을 줄인 후 소고기를 넣고 5분 정도 달달 볶는다.
5
고기가 노릇해지면 백설탕, 하이자오가루, 화자오가루, 지징,
흰깨를 넣고 다시 볶는다. 마지막으로 소금을 살짝 뿌리고 몇 분 정도
더 볶은 후 불을 끈다. 뚜껑을 덮고 5분 정도 뜸을 들이면 뉴러우간이 완성된다.
糖
완성
年 月 日

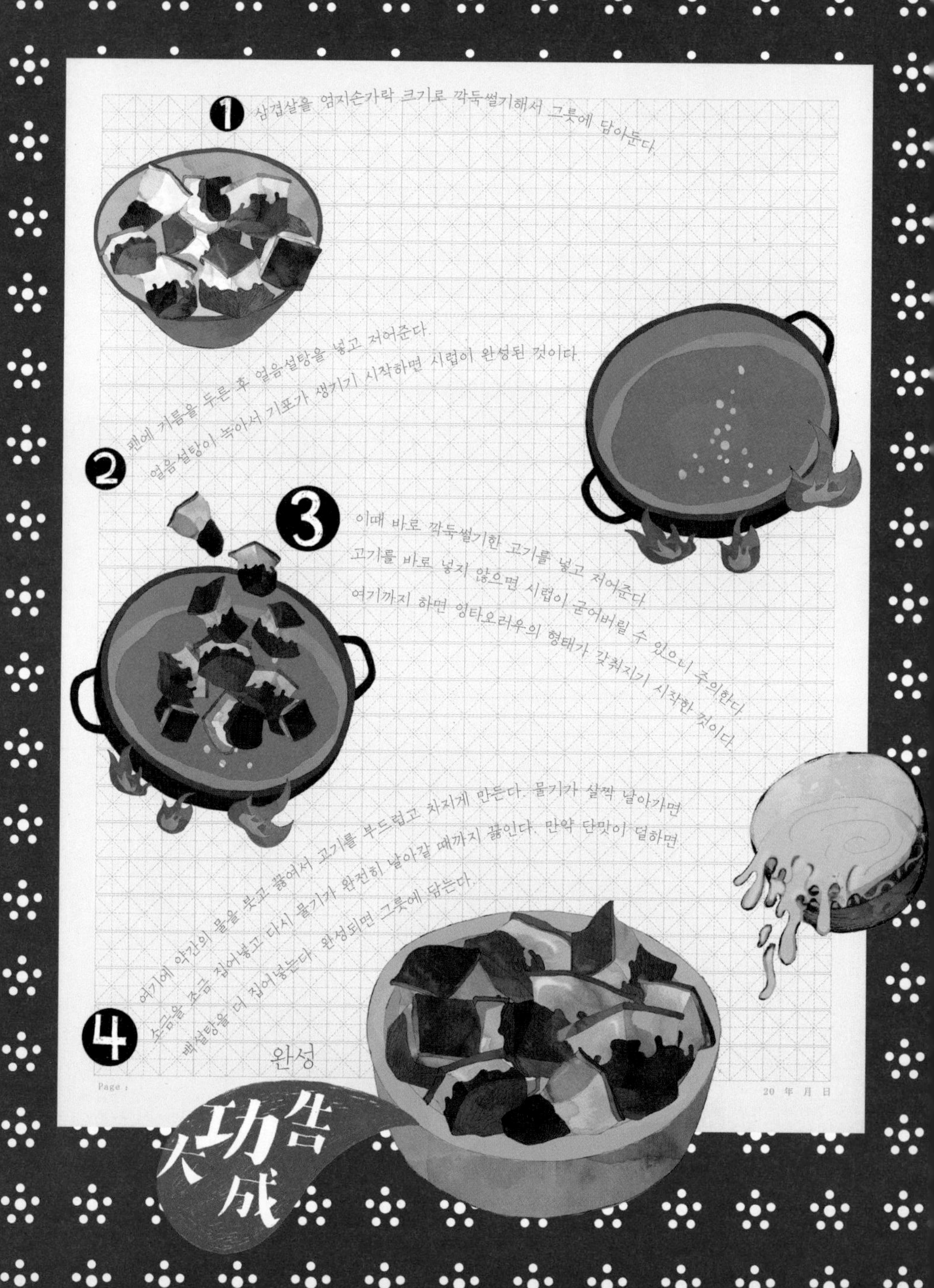

1 삼겹살을 엄지손가락 크기로 깍둑썰기해서 그릇에 담아둔다.
2 팬에 기름을 두른 후 얼음설탕을 넣고 저어준다.
얼음설탕이 녹아서 기포가 생기기 시작하면 시럽이 완성된 것이다.
3 이때 바로 깍둑썰기한 고기를 넣고 저어준다.
고기를 바로 넣지 않으면 시럽이 굳어버릴 수 있으니 주의한다.
여기까지 하면 잉타오러우의 형태가 갖춰지기 시작한 것이다.
4 여기에 약간의 물을 붓고 끓여서 고기를 부드럽고 차지게 만든다. 물기가 살짝 날아가면
소금을 조금 집어넣고 다시 물기가 완전히 날아갈 때까지 끓인다. 만약 단맛이 덜하면
백설탕을 더 집어넣는다. 완성되면 그릇에 담는다.
완성
Page :
20 年 月 日
大功告成

092 成都 張叔櫻桃肉 장수 잉타오러우

난이도: ☆☆☆☆
주재료: 우화러우(五花肉)
부재료: 얼음설탕[冰糖], 소금, 백설탕

장수(张叔, '장'씨 아저씨)와 왕냥(王萛, '왕'씨 아줌마)은 오랜 이웃사촌이랍니다. 장수는 소고기 장사를 하는 아버지 덕분에 소고기에 대해서 아는 것이 많았어요. 국거리용으로는 힘줄과 비계가 약간 있는 게 좋고, 볶음용으로는 살코기가 많은 게 좋다고 했어요. 그리고 소고기 중에서는 뉴류(牛柳, 안심)가 가장 좋다고 살짝 알려주기도 했답니다. 장수는 요리에 일가견이 있는 분이셨어요. 어릴 때 그분이 만들어준 '잉타오러우(樱桃肉)'의 맛은 아직도 잊히지 않아요. 그래서 저는 잉타오러우 만드는 비법을 배우러 일부러 두 분을 찾아갔답니다. 지금부터 그 비법을 알려드릴게요.

요리의 이름에 앵두가 들어갔다고 해서 '앵두 맛이 나는 고기인가?'라고 착각하시면 안 돼요. 고기에 설탕시럽이 발려져 불그스름하게 윤이 나는 게 앵두처럼 보인다고 해서 붙여진 이름이에요. 잉타오러우의 포인트는 설탕시럽에 있답니다. 설탕시럽의 양과 불의 세기가 잘 맞아야 제대로 된 색깔이 나와요. 시럽의 양이 너무 많으면 고기의 색이 예쁘게 나오지 않죠. 반면에 시럽의 양이 너무 적어도 고기 색이 연해져서 예쁘지 않다고 하네요. 그만큼 시럽이 중요해요. 잘 만들어진 시럽은 붉고 윤기가 난답니다.

쏸먀오 후이궈러우

'후이궈러우(回鍋肉)'는 쓰촨요리의 고전 중의 고전이에요. 청두 사람들은 이것을 '아오궈러우(熬锅肉)'라고도 부른답니다. '쏸먀오 후이궈러우'는 가장 오래되고 가장 전통적인 조리법으로 만든 쓰촨의 가정식 요리죠. 만드는 법은 별로 어렵지 않지만 신경 써야 할 것이 한두 가지가 아니에요.

일단 이 요리를 만들 때 고기는 얼다오러우(二刀肉)를 쓰는 게 가장 좋아요. 청두 사람들은 이 고기를 쭤덩러우(坐凳肉)라고도 해요. 돼지 엉덩이 살이랍니다. 고기를 자를 때는 결 반대 방향으로 잘라야 해요. 그렇지 않으면 먹을 때 고기가 이 사이에 끼기 쉽답니다. 고기를 볶을 때는 먼저 팬에 기름을 둘러주세요. 그래야 고기가 팬에 눌어붙지 않아요. 기름을 두른 팬에 고기를 넣을 때도 기름이 80% 정도 달아올랐을 때 넣어주어야 타지 않아요. 또 다른 재료인 더우반(豆瓣)은 꼭 쥐안청파이(鵑城牌)에서 만든 것을 사용하세요. 피쉬안(郫悬)에서 가장 맛있는 더우반이거든요. 햇볕을 잘 쪼여서 묵힌 더우반은 일반 더우반보다 훨씬 맛있답니다. 여기에 설탕을 좀 더 넣고 싶으면 팬에 눌어붙지 않게 주의해서 첨가하면 돼요. 이것을 잘 볶다가 쏸먀오(蒜苗, 마늘쫑)를 넣어주세요. 쏸먀오를 넣을 때는 먼저 뿌리 부분을 넣고 나중에 잎 부분을 넣어줘야 해요. 뿌리 부분이 익는 데 시간이 더 오래 걸리기 때문이에요. 마지막으로 소금을 약간 뿌려주고 다시 잘 볶아서 접시에 담으면 완성!

후이궈러우를 더 맛있게 먹는 방법을 알려 드릴까요? 한꺼번에 다 먹지 말고 조금 남겨서 나중에 먹어보세요. 그러면 갓 만든 요리와는 다른 색다른 맛이 느껴질 거예요.

난이도: ☆☆☆☆

주재료: 얼다오러우(二刀肉)[혹은 우화러우(五花肉)]

부재료: 피쉬안 더우반(郫悬豆瓣), 쏸먀오(蒜苗), 간장, 백설탕, 소금

1
싼마오를 깨끗이 씻은 후 뿌리 부분과 잎 부분을
분리해서 자른다. 각각 어슷하게 잘라서 그릇에 담아둔다.
2
얼다오러우(꿔덩러우)를 준비한다(만약 비계가 적은 고기를 좋아한다면
우화러우를 사용해도 된다). 고기를 물에 넣고 삶아서
70% 정도 익힌 후 꺼내서 편으로 썬다.
3
팬에 기름을 두르고 80% 정도 달아오르면 고기를 넣고 볶는다.
4
고기가 살짝 볶아지면 피쉬안 더우반을 넣고 다시 볶는다.
5
만약 색이 옅으면 소량의 간장을 넣어서 색을 낸다.
6
어느 정도 볶아지면 싼마오를 넣고 다시 볶는다
(싼마오 뿌리 부분을 먼저 넣고 잎 부분은 나중에 넣는다).
7
마지막으로 소금으로 간을 하고 그릇에 담아낸다.
20 年 月 日
완성

1
최고 등급의 우화러우를 준비한다 위안쯔(완자)를 만드는 데
쓰이는 고기는 비계와 살코기의 비율이 6:4 정도가 가장 좋다.
2
고기를 잘 다져서 그릇에 담아둔다. 여기에 물, 전분, 소금, 파,
생강, 간장을 넣고 잘 섞는다.
아무렇게나 막 섞지 말고 한 방향으로 잘 섞어요.
잘 섞을수록 위안쯔가 부드러워진답니다.
淀粉
3
끓는 물에 채소를 살짝 데친다(이때 사용하는 채소는 제철 채소를 이용한다.
콩나물, 동아, 배추, 무 모두 가능하다).
4
채소를 70% 정도 익힌 후 꺼내서 위안쯔에 넣는다.
5
위안쯔는 동그랗게 빚어서 솥에 넣고 끓인다.
다 익으면 소금과 다진 파를 넣고 맛있게 먹으면 된다.
Page :
20 年 月 日

왕낭 위안쯔탕

'위안쯔탕(圓子汤, 완자탕)'은 쓰촨요리를 먹을 때 꼭 곁들여 먹어야 하는 음식이에요. 맛이 담백하고 영양도 풍부해서 남녀노소 모두가 즐겨 먹는답니다. 위안쯔용 고기는 반드시 비계가 많고 살코기가 적은 것을 써야 해요. 6:4가 황금 비율이랍니다. 비계가 6, 살코기가 4! 이 비율로 만들어야지 먹을 때 고기가 부드럽고 부서지지 않아요. 위안쯔를 만드는 또 다른 핵심 포인트는 배합에 있답니다. 한 방향으로 잘 섞어야지 마구잡이로 섞으면 절대 안 돼요. 방향은 만드는 사람 마음대로 정하세요. 왼쪽이든 오른쪽이든 아무 상관없답니다. 아무튼 위안쯔는 잘 섞어야지 부드러워진다는 것만 명심하면 돼요.

난이도: ☆☆☆☆

주재료: 우화러우(五花肉)

부재료: 전분, 소금, 파, 생강, 간장, 콩나물

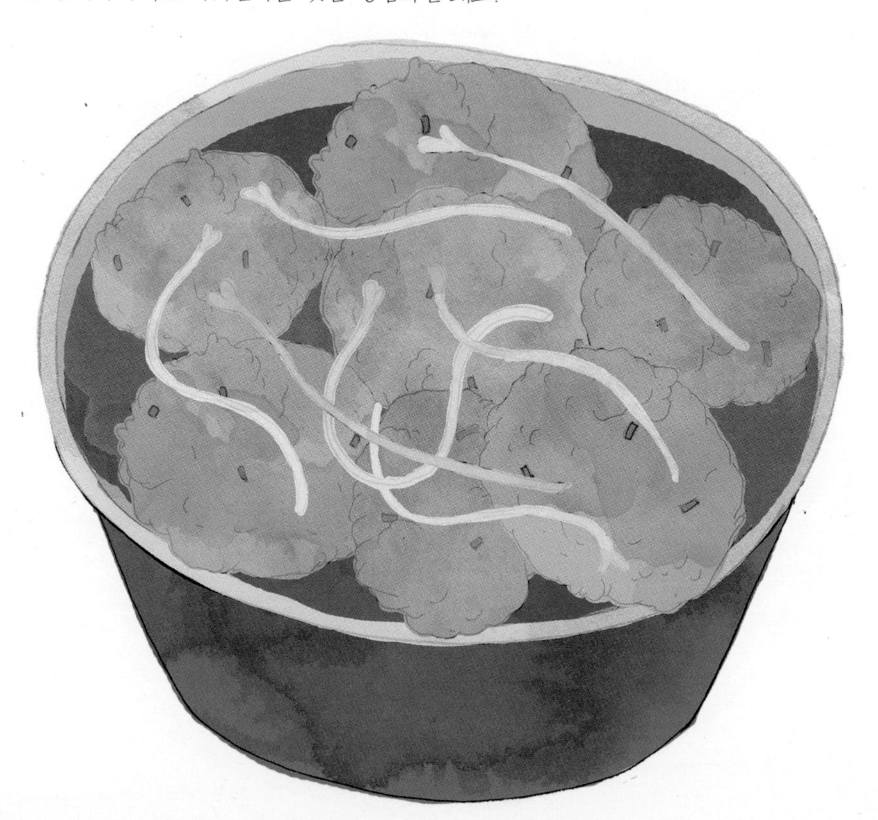

095 成都

比熊勾魂蛙
비숑 거우훈와

‘비숑(比熊)’은 청두 창이궁서(创意公社)의 CEO예요. 미식가이자 솜씨 좋은 요리사이기도 하고요. ‘거우훈와(勾魂蛙)’는 그의 시그니처 요리라고 할 수 있어요. 명절이 되면 저는 먹을 복이 많다는 것을 새삼 느껴요. 왜냐고요? 이전 명절에 친구들과 함께 비숑의 집에 초대받아, 영광스럽게도 그가 직접 만든 거우훈와를 맛본 적이 있거든요. 비숑이 만든 거우훈와는 육질이 엄청 쫄깃하고 맛있어서 요리 이름처럼 정신을 놓아버릴 수도 있으니 주의하세요. 정신없이 먹다 보면 어느새 개구리 다섯 마리가 배 속에 살포시 들어가 있을 겁니다.

난이도: ☆☆☆☆☆

주재료: 개구리

부재료: 칭화자오(青花椒), 파오자오(泡椒), 파오쯔장(泡仔姜, 생강김치)채, 묵은 생강채, 싼나이(三柰, 생강과의 약재), 팔각(八角), 마늘, 하이자오가루(海椒面), 쥐안청 훙유 더우반(鹃城红油豆瓣), 얼징탸오(二荆条), 백주, 소금, 후추, 참기름, 녹말가루, 차이쯔유(菜籽油), 가오탕(高汤, 닭육수)

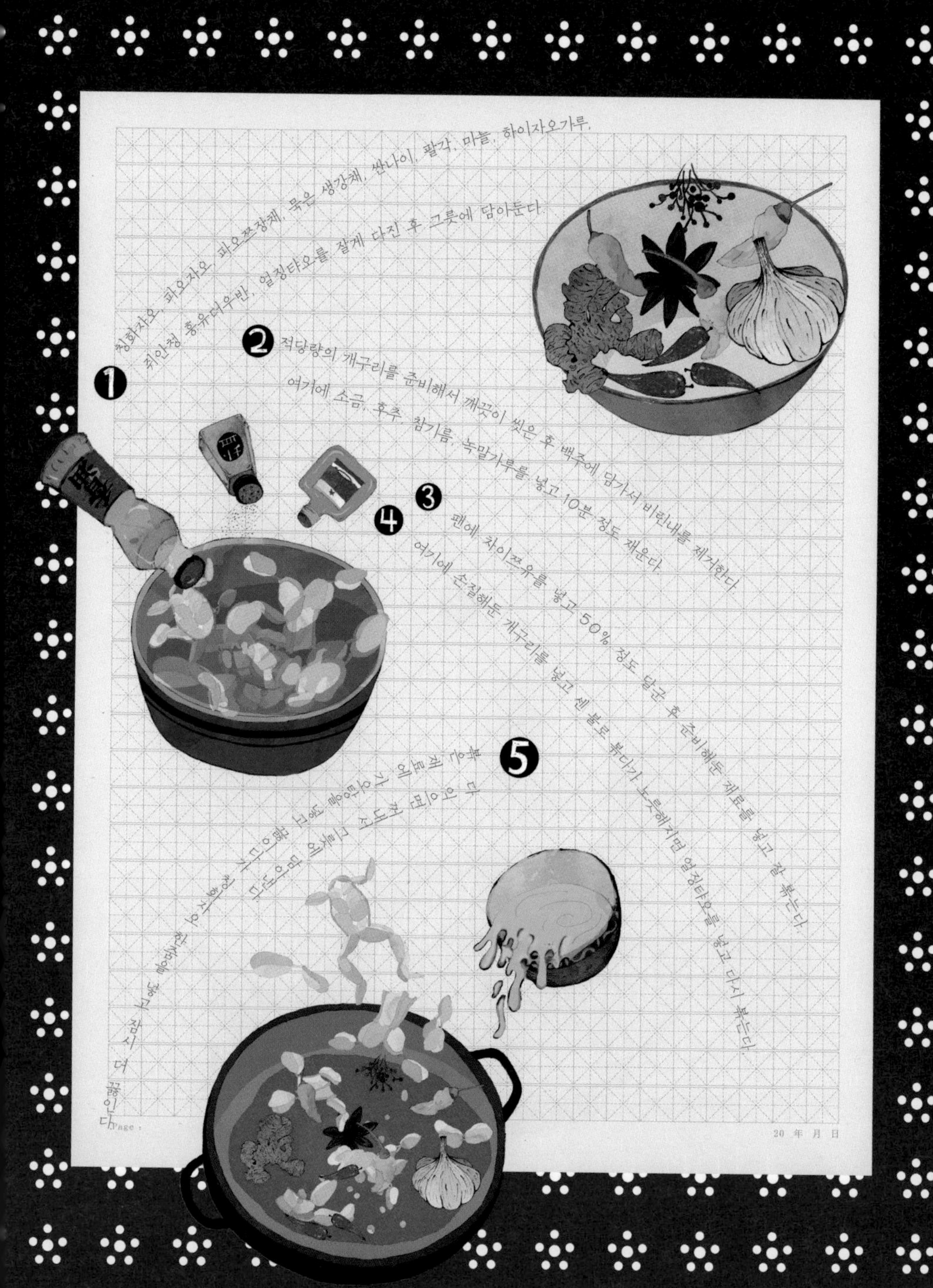
1
칭화자오, 화오자오, 파오쯔장체, 묵은 생강채, 싼나이, 팔각, 마늘, 하이자오가루,
취안청 홍유더우반, 얼징탸오를 잘게 다진 후 그릇에 담아둔다.
2
적당량의 개구리를 준비해서 깨끗이 씻은 후 백주에 담가서 비린내를 제거한다.
여기에 소금, 후추, 참기름, 녹말가루를 넣고 10분 정도 재운다.
3
팬에 차이쯔유를 넣고 50% 정도 달군 후 준비해둔 재료를 넣고 잘 볶는다.
4
여기에 손질해둔 개구리를 넣고 센 불로 볶다가 노릇해지면 얼징탸오를 넣고 다시 볶는다.
5
볶은 재료에 가오탕을 넣고 끓이다가 칭화자오 한 줌을 넣고 잠시 더 끓인다
다 익으면 꺼내서 그릇에 담아낸다.
Page :
20 年 月 日

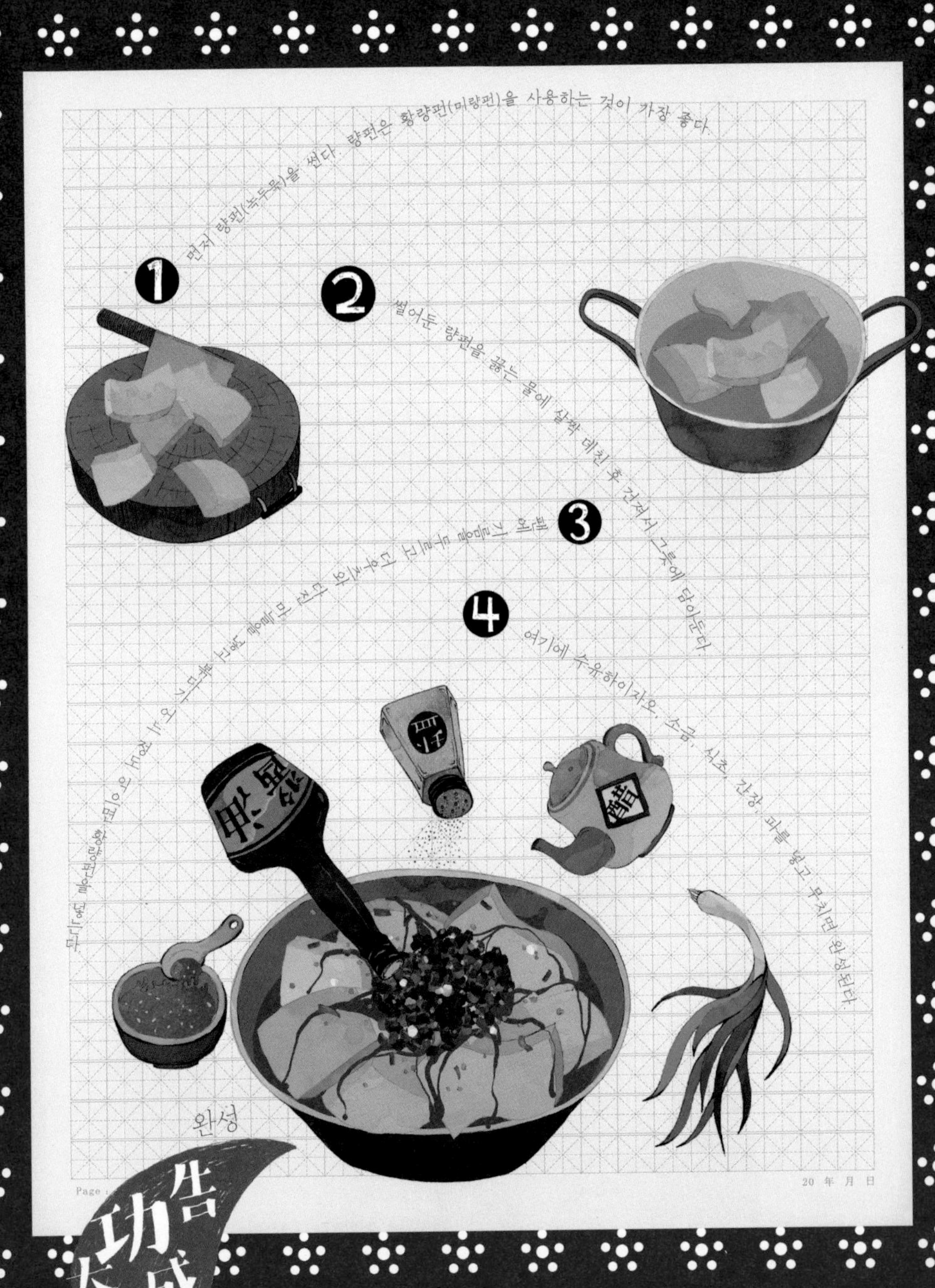
1 먼저 량펀(녹두묵)을 썬다. 량펀은 황량펀(미량펀)을 사용하는 것이 가장 좋다.
2 썰어둔 량펀을 끓는 물에 살짝 데친 후 건져서 그릇에 담아둔다.
3 팬에 기름을 두르고 고추와 다진 마늘을 넣어 볶다가 식으면 황량펀에 붓는다.
4 여기에 수유하이자오, 소금, 식초, 간장, 파를 넣고 무치면 완성된다.
醬油
완성
大功告成
Page :
20 年 月 日

田孃孃拌凉粉 텐냥냥 반량편

'텐냥냥(田孃孃)'은 저희 할머니를 돌봐주시는 간병인이에요. 제가 할머니 집에 갈 때마다 즐겨 먹었던 건 영양 보충을 할 수 있는 당귀 고기찜이 아닌 '반량편(拌凉粉)'이었어요. 텐냥냥은 항상 이 반량편을 어마어마하게 큰 그릇에 담아주셨어요. 양이 많든 적든 간에 저는 항상 제일 먼저 그릇을 비웠답니다. 그리고 남은 양념에 밥을 넣고 쓱쓱 비벼 먹었어요. 양념 하나도 낭비하지 않고 알뜰하게 먹어 치웠죠. 바궈부이(巴国布衣)에서 파는 반량펀도 맛은 괜찮은 편이에요. 하지만 텐냥냥이 만들어주는 반량편에 비할 수는 없을 것 같네요.

난이도: ☆☆☆½

주재료: 황량펀[黄凉粉, 미량펀(米凉粉)]

부재료: 더우츠(豆豉), 차이쯔유(菜籽油), 마늘, 수유하이자오(熟油海椒), 소금, 식초, 간장, 파

청두(成都) 사투리로 '가가(嘎嘎)'는 고기라는 뜻이에요.

고기, 고기,

그리고 고기

고기만 먹어야 살이 찌지 않아.

鸡爪在172页
지좌(鸡爪)는 172쪽에 있어요.

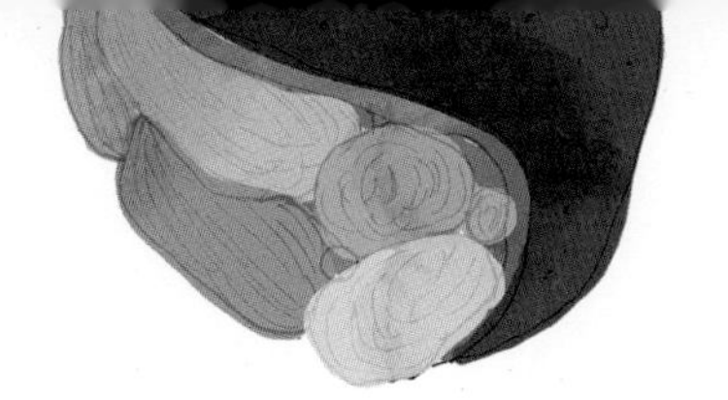

魏鸡肉 웨이지러우

'량반지러우(凉拌鸡肉)'*의 종류는 많지만 맛 좋게 무쳐내기가 쉽지는 않답니다. '웨이지러우(魏鸡肉)'의 특징은 바로 얼얼한 맛에 있어요. 그 얼얼한 맛이 입을 마비시켜 말도 제대로 하지 못할 정도예요. 하지만 닭고기는 정말 맛있어요. 밥과 함께 먹기에 딱 적당하죠. 평소 밥을 한 그릇 겨우 먹는 사람도 여기만 오면 두세 그릇은 눈 깜짝할 사이에 뚝딱 비운다니까요. 닭고기를 먹고 남은 양념도 절대 버리지 마세요. 무채를 넣고 쓱쓱 비벼 먹으면 그 맛이 정말 둘이 먹다 하나가 죽어도 모를 정도랍니다.

- 웨이지러우(魏鸡肉)
- 인당 38위안
- ☆☆☆☆
- 웨이지러우(魏鸡肉, 량반지러우)
- 成华区地勘路28号春熙苑旁[얼셴차오(二仙桥) 근처]
- 028-83520511
- 11:00~22:30
- 주머니 가벼운 여행자

* 량반지러우: 삶은 닭고기를 잘게 잘라 간장, 설탕, 고추기름으로 만든 소스로 무쳐낸 냉채요리

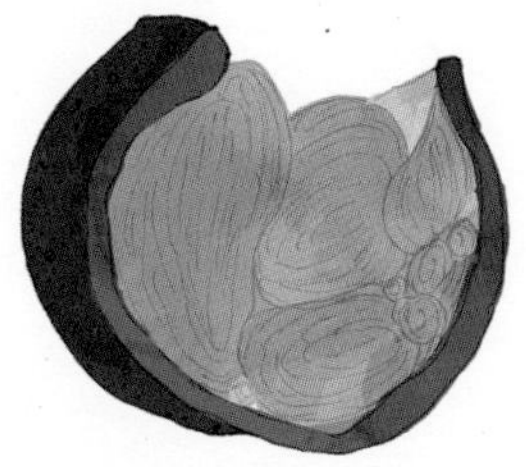

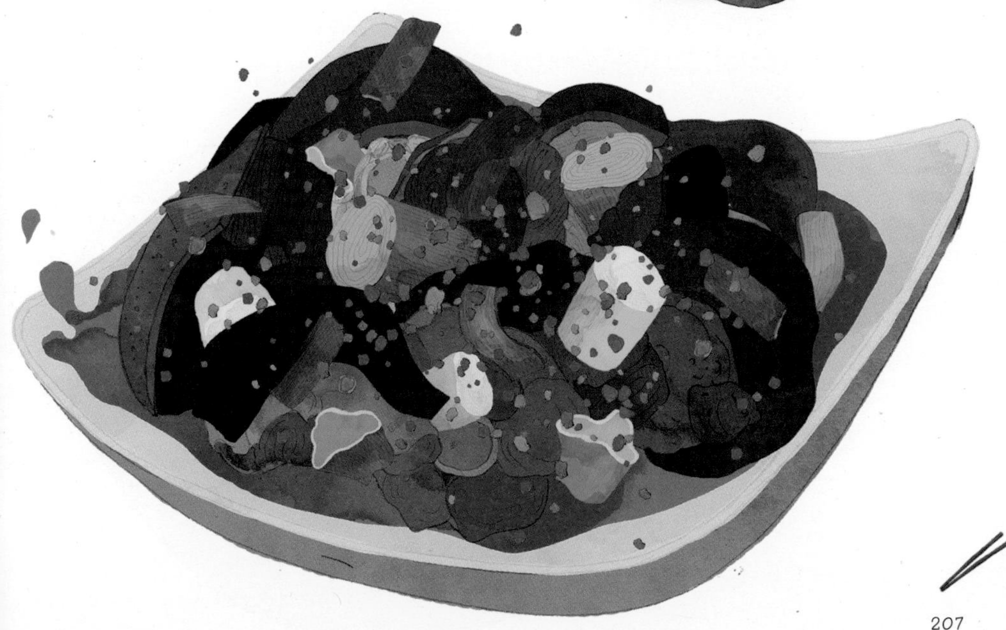

廖记棒棒鸡 랴오지 방방지

청두(成都)에서 지내본 경험이 있는 사람이라면 이곳을 모르는 사람은 없을 거예요. 길거리마다 '랴오지 방방지(廖记棒棒鸡)'가 없는 곳이 없으니까요. 가끔 요리하기 귀찮은 날에는 집으로 가는 길에 이곳 음식을 사 가서 간단하게 한 끼를 해결하는 것도 괜찮답니다. 대표 메뉴인 '방방지(棒棒鸡)*'는 고기도 부드럽고 맛도 알싸해서 먹을 만해요. '뼈 없는 펑좌(凤爪, 닭발)'는 쫄깃한 식감과 상큼한 맛이 일품이랍니다. 가게는 그리 크지 않지만 산뜻하고 깔끔한 느낌이에요. 위생 상태도 좋아서 안심하고 먹을 수 있으며 포장해 가기에도 무척 편리하답니다.

방방지 하면 '나무 방망이[木棒]'를 언급하지 않을 수 없어요. 예전에는 닭을 자를 때 식칼을 사용했는데 식칼로는 두껍고 단단한 닭 뼈를 잘 자를 수가 없어서 잘라놓은 닭고기의 크기가 제각각이었다고 하네요. 손님들의 불만이 이만저만이 아니었을 겁니다. 그래서 생각해낸 방법이 바로 나무 방망이를 사용하는 것이었어요. 닭을 토막낼 때 한 사람은 칼등으로 닭을 누르고, 다른 한 사람은 나무 방망이로 칼등을 내려치면 돼요. 그러면 닭의 두께가 얇아져서 고르게 자를 수 있다고 하네요. 이 방법을 이용한 후로는 손님이 더 많아졌다고 해요.

- 랴오지방방지(廖记棒棒鸡)
- 인당 22위안
- ☆☆☆☆
- 방방지(棒棒鸡), 뼈 없는 펑좌(凤爪)
- 청두 길거리 어디서나 볼 수 있음.
- 주머니 가벼운 여행자

* 방방지: 익힌 닭고기를 나무 방망이로 두드려 부드럽게 만든 후 가늘게 찢어 소스를 뿌려 먹는 음식

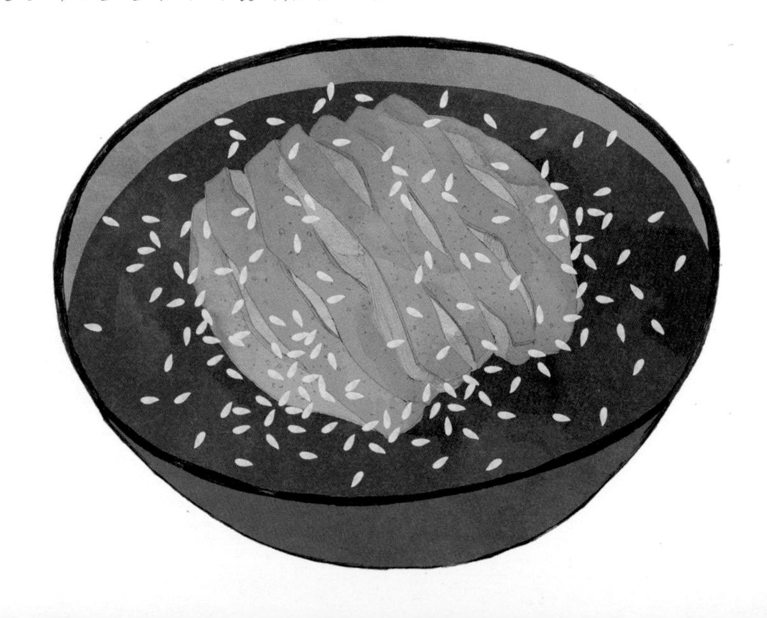

099 成都 天主堂鸡片

톈주탕 지펜

충저우(崇州) 시에 가면 '톈주탕 지펜(天主堂鸡片)'은 꼭 가봐야 해요. 굉장히 인기가 많은 전통 있는 가게거든요. 내부 인테리어는 도시와 시골 분위기를 적절하게 조화시킨 퓨전 식당이랍니다.

이곳의 '량반지펜(凉拌鸡片)'*은 전형적인 쓰촨(四川)식 입맛에 맞춰서 만들었기 때문에 맛이 굉장히 독특해요. 맵고 알싸한 맛 뒤에 단맛이 돌아서 다양한 맛을 차례대로 느낄 수 있답니다. 하이자오(海椒)의 매운맛, 차쯔유(菜籽油)의 고소한 맛, 그리고 화자오(花椒)의 알싸한 맛이 서로 잘 어우러져 있고, 각각의 맛들이 너무 진하지도 연하지도 않아서 먹기에 딱 좋아요. 뒷맛까지도 만족스러울 거예요. 이 요리를 먹고 나면 맛있는 향이 입안에서 계속 맴돌고, 입술과 혀끝에서 느껴지는 맵고 알싸한 맛도 지나치지 않아 부담 없이 즐길 수 있답니다. 만약 이곳에 갈 일이 생긴다면 이렇게 맛있는 요리를 만드는 주방장에게 칭찬 한마디 해주세요. 청두 사투리로 '나이카(拿一咯)'라고 하면 된답니다. 어렵지 않죠?

- 톈주탕지러우뎬(天主堂鸡肉店)
- 인당 31위안
- ☆☆☆
- 량반지펜(凉拌鸡片)
- 崇州市滨江路北一段100号 부근[완두(晚渡)광장 근처]
- 028-82279569
- 11:00~20:00
- 주머니 가벼운 여행자, 어린이 입맛 소유자

* 량반지펜: 얇게 손질한 닭고기에 갖은 양념을 넣고 무친 냉채 요리

100 成都

绝城芋儿鸡 쮀청 위얼지

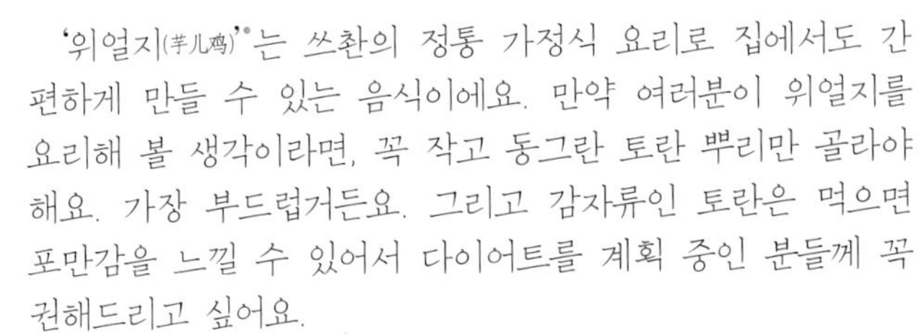

'위얼지(芋儿鸡)*'는 쓰촨의 정통 가정식 요리로 집에서도 간편하게 만들 수 있는 음식이에요. 만약 여러분이 위얼지를 요리해 볼 생각이라면, 꼭 작고 동그란 토란 뿌리만 골라야 해요. 가장 부드럽거든요. 그리고 감자류인 토란은 먹으면 포만감을 느낄 수 있어서 다이어트를 계획 중인 분들께 꼭 권해드리고 싶어요.

위얼지를 집에서 만들기가 조금 귀찮다고 생각되시는 분들은 '쮀청(绝城)'으로 가보세요. 이곳의 '위얼지 훠궈(芋儿鸡火锅)'의 푸짐한 양에 만족하실 거예요. 동글동글하게 생긴 토란도 엄청 부드럽답니다. 토란을 젓가락으로 집으면 국물이 스며들어 있어서 살짝 무게감을 느낄 수 있을 거예요. 이것을 먹으면 처음에는 알싸한 맛이 느껴지다 먹을수록 입안에 매운맛이 돌게 돼요. 먹을수록 자꾸 당기는 그 맛, 여러분도 잘 아실 거예요! 아마 위얼지 속에 있는 예산자오(野山椒) 때문일 거예요. 만약 여러분이 이곳에 가게 된다면 주인에게 위얼지를 오래 푹 끓여달라고 하세요. 그래야 위얼지의 제맛을 느낄 수 있거든요.

- 쮀청위얼지(绝城芋儿鸡)
- 인당 43위안
- ☆☆☆☆
- 위얼지(芋儿鸡)
- 成华区八里小区怡福巷36号[첸수이반다오(浅水半岛) 옆]
- 15388215943
- 10:00~22:00
- 커플, 젊은이들, 주머니 가벼운 여행자, 어린이 입맛 소유자

* 위얼지: 닭고기와 토란으로 만든 쓰촨의 가정식 요리

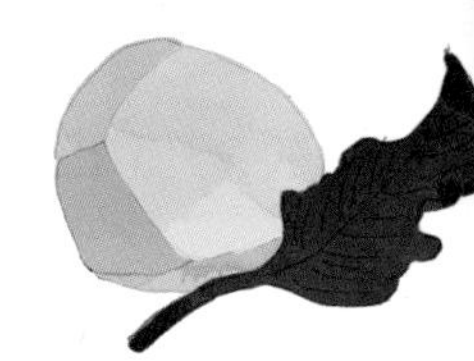

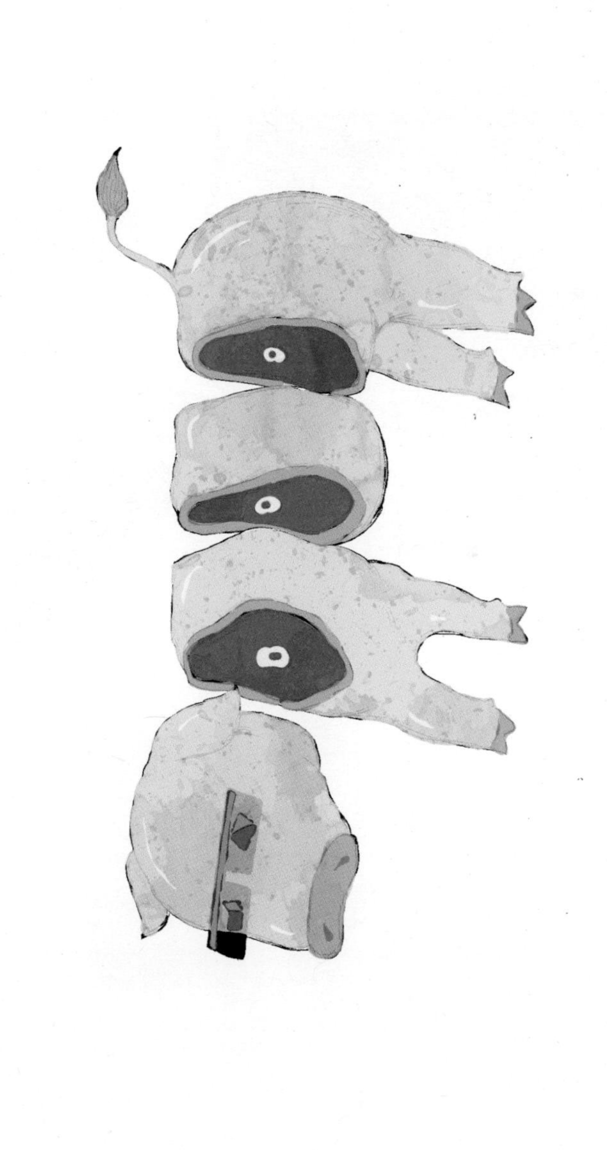

101 连山回锅肉 롄산 후이궈러우

탕자쓰(唐家寺)에서 뉴짜훠궈(牛杂火锅)를 이미 맛봤다면 겸사겸사 롄산(连山)에 가서 '후이궈러우(回锅肉)'를 맛보는 것도 좋답니다. 이곳의 후이궈러우는 '다리러우(大力肉)'라고도 해요. 젓가락 길이 정도의 기다란 고기를 한 조각씩 그릇에 담아주는데, 한 조각만 담아도 그릇이 꽉 찰 정도여서 그렇게 부르는 모양이에요. 크기는 크지만 얇아서 뜨거운 국물에 넣으면 돌돌 말려 버린답니다. 이런 고기를 여기서는 한 조각씩 판매하고 있어요. 정말 주인 멋대로인 것 같지만 맛은 좋으니 어쩔 수가 없네요.

후이궈러우는 그냥 삶기만 한 것이 아니라고 해요. 먼저 한 덩어리의 쭤덩러우(坐凳肉)를 큰 솥에 넣고 반 정도 익을 때까지 찐 다음 그것을 꺼내서 칼로 길게 한 조각씩 자른 후 고온에서 살짝 튀겨낸다고 해요. 한 번 튀겨냈기 때문에 바삭한 식감이 맛을 한층 더 업그레이드시켜준다고 하네요. 만약 이곳에서 술 한잔과 함께 이 후이궈러우를 먹는다면? 크~ 그야말로 술이 '술술' 넘어갈 것 같지 않나요?

- 롄산다이무얼후이궈러우(连山代木儿回锅肉)
- 인당 37위안
- ☆☆☆
- 롄산 후이궈러우(连山回锅肉)
- 广汉市连山镇金牛广场
- 0838-5802631
- 11:00~14:30, 17:30~20:30
- 주머니 가벼운 여행자, 어린이 입맛 소유자

102 成都

칭청산 라오라러우

青城山老腊肉

혹시 칭청산(青城山)이라고 들어보셨나요? 그럼 바이냥쯔(白娘子)*는 아시나요? 당연히 다들 아실 거예요. 전설에 따르면 이 바이냥쯔는 먼 옛날 칭청산 아래서 천년 동안 도를 닦던 백사(白蛇)라고 합니다. 바이냥쯔가 천년 동안 살면서 칭청산의 '라오라러우(老腊肉, 절여 말린 돼지고기)'를 얼마나 많이 먹었을지 한번 상상해 보세요, 하하!

칭청산의 라오라러우를 만드는 것은 매우 손이 많이 가는 일이죠. 질 좋은 고기를 얻기 위해 돼지에게 신선한 풀과 맑은 샘물만 먹인다고 해요. 그리고 산비탈에서 1년간 방목한 후 도살한다고 하네요. 이렇게 얻은 돼지고기를 소금에 절이고 훈제를 해야만 진정한 칭청산의 라오라러우가 완성되죠. 만약 정통 라오라러우가 먹고 싶다면 상점에 가서 사지 말고 일반 가정집에 가서 조금만 팔라고 하는 것이 더 낫답니다. 훨씬 더 정성을 들여서 만들거든요.

제가 어렸을 때 할아버지와 집에서 '추라러우(秋腊肉)'를 만든 적이 있어요. 청두 사람들은 훈제하는 것을 추우(秋)라고 한답니다. 입동 무렵의 가을이 되면 할아버지는 항상 먼저 지붕 위에 고기를 널어서 말릴 받침대를 만드셨어요. 그리고는 화자오(花椒)와 숙성 소금[熟盐]을 켜켜이 뿌린 우화러우(五花肉)를 바람에 잘 말린 후 훈제를 했어요. 훈제를 할 때는 주변에 돗자리를 잘 둘러두고 그 아래에 측백나무 가지, 땅콩 껍데기, 호두 껍데기, 톱밥 등을 놓고 불을 붙입니다. 그러면 검은 연기가 자욱해지면서 메케한 냄새가 나요. 이렇게 훈제를 하면 고기의 향은 더욱 좋아진다고 하네요. 이게 바로 고향의 향기 아니겠어요?

* 바이냥쯔: 전설 속 인물로 이름은 바이수전(白素貞)

眉州烧鹅馆 메이저우 사오어관

간혹 실수로 새로운 요리가 만들어진다는 것을 아시나요? '둥포 저우쯔(东坡肘子)'가 바로 실수로 탄생한 요리랍니다. 수둥포(苏东坡, 소동파)의 아내인 왕푸(王弗)가 하루는 집에서 저우쯔(肘子, 돼지 허벅지 고기)로 요리를 만들고 있었어요. 그런데 잠시 한눈파는 사이에 저우쯔가 누렇게 타 솥에 눌어붙고 말았답니다. 버리기는 아까웠던 수둥포의 아내는 저우쯔가 눌어붙은 솥 안에 온갖 재료를 집어넣고 그대로 끓여버렸죠. 태운 걸 어떻게든 감춰보려고 한 거겠죠? 그랬더니 의외로 맛이 더 좋아져서 깜짝 놀랐다고 해요. 이때부터 둥포 저우쯔가 전해지기 시작했다고 하네요.

저우쯔는 비계가 많아서 조리할 때 세심한 주의를 기울여야 해요. 그렇지 않으면 느끼해지거든요. '메이저우 사오어관(眉州烧鹅馆)'에서 만든 것은 소스의 진한 맛이 저우쯔에 잘 배어들어 있어요. 게다가 푹 잘 삶아져서 젓가락만 살짝 갖다대도 저우쯔의 껍질이 스르륵 풀어져 버린답니다. 군침 돌죠?

- 메이저우사오어관(眉州烧鹅馆)
- 인당 36위안
- ☆☆☆☆
- 둥포 저우쯔(东坡肘子), 농가 바바차이(农家粑粑菜)
- 武侯区科华中路146号 [농상(农商)은행 근처]
- 028-87306266
- 10:30~22:30
- 주머니 가벼운 여행자, 어른 입맛 소유자, 식견을 넓히고자 하는 사람

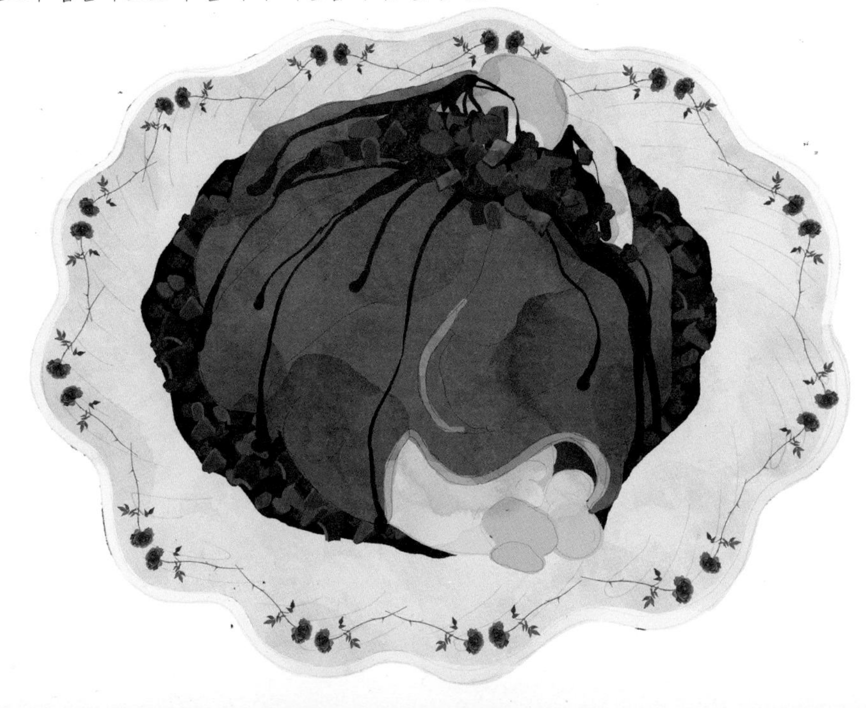

nice

104 红星兔丁 홍싱투딩

'량반투(凉拌兔)'는 술안주로 안성맞춤인 요리예요. 뼈를 제거한 토끼고기를 깍둑깍둑 썰어서 각종 양념을 넣고 잘 재워둔 후 만들어서 육질이 정말 부드럽죠. 이 요리를 먹으면 맵고 알싸한 맛 뒤에 단맛이 살짝 느껴져서 색다른 느낌이 들 거예요. 안에 든 땅콩도 매력 포인트 중 하나랍니다. 부드러운 토끼고기와 살짝 씹히는 고소한 땅콩 맛이 잘 어우러져서 환상적인 맛이 나요. 그뿐만이 아니에요. 젓가락으로 소스를 살짝 찍어 먹어보세요. 어디서도 먹어보지 못한 특별한 맛을 느낄 수 있을 거예요.

이 식당의 '푸치페이펜(夫妻肺片)'도 먹을 만하답니다. 매미의 날개처럼 얇게 자른 고기를 미나리와 함께 곁들여 먹으면 정말 딱이에요. 푸치페이펜은 이름처럼 허파로 만든 요리가 아닌 소의 고기와 내장으로 만든 요리랍니다. 청두에서는 이 요리를 궈쿠이(锅盔)에 끼워서 먹어요. 궈쿠이는 살짝 부풀어 올라서 뜨끈뜨끈할 때 먹는 것이 가장 맛있어요. 잘 부풀어 오른 궈쿠이의 가운데 부분을 칼로 자르면 순간적으로 뜨거운 김이 확 뿜어져 나온답니다. 이렇게 뜨거운 김이 날 때 푸치페이펜을 안에 끼워 넣어서 먹으면 천상의 맛을 느낄 수 있을 거예요.

홍싱투딩(红星兔丁)
인당 18위안
☆☆☆☆
투딩(兎丁), 푸치페이펜(夫妻肺片)
武侯区武侯祠大街180附4号
15388152205
09:00~20:00
주머니 가벼운 여행자, 하드코어 입맛 소유자

105 成都

선셴투

🪧 선셴투(神仙兎)
回 인당 51위안
☆☆☆☆
👍 선셴투(神仙兎), 자오유 나오화(椒油脑花)
⚲ 武侯区超洋路27号
☎ 18908191768
🕒 11:30~13:30, 17:00~21:00
☺ 어린이 입맛 소유자, 하드코어 입맛 소유자

'선셴투(神仙兎)'* 라고 들어보셨나요? 이 이름을 처음 듣는다면 호기심이 발동해서 당장 가보고 싶은 마음이 들 거예요. 식당은 비록 중심가에 있지만 큰길가에 있지 않아 찾기가 쉽지 않을지도 몰라요.

이곳의 선셴투를 한번 맛보면 바로 쯔궁차이(自贡菜)** 라는 것을 알아차릴 수 있어요. 기분 좋은 매운맛 속에서 파오자오(泡椒)의 맛이 느껴지거든요. 하지만 직원 언니는 그게 파오자오가 아니라 샤오미라(小米辣)라고 하네요. 선셴투의 토끼고기는 무척 부드러우며 라유(辣油, 고추기름)에 찍어 먹으면 씹을 때 더욱 깊은 맛을 느낄 수 있어요. 이렇게 매운 음식을 먹을 때는 더우나이(豆奶)가 필수품인건 이제 다 아시죠? 저는 못 견디게 매울 때는 더우나이를 몇 병이든 마실 수 있을 거 같아요. 이럴 때는 제 위장한테 무한 칭찬을 해주고 싶답니다. 고무줄처럼 늘어다 줄었다 하는 튼튼한 위장이라서요. 더우나이는 상온에서 보관한 것이 위장을 보호하면서 매운맛을 가장 잘 가라앉혀 준다고 하네요. 뜨거운 더우나이는 안 되냐고요? 그건 아마 불에 기름을 붓는 것과 같을 거예요. 매워서 질식할지도 몰라요. 하하!

* 선셴투: 토끼고기에 푸른 고추, 샤오미라, 화자오, 생강 등을 넣고 만든 요리

** 쯔궁차이: 쯔궁 시에서 생산되는 정염(井盐)으로 만든 요리

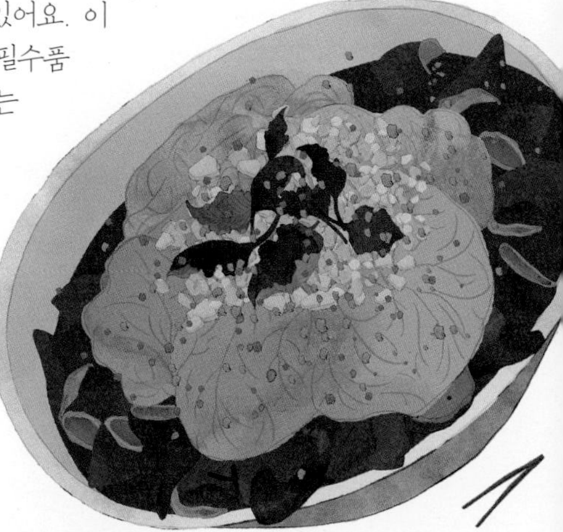

담백하게 평생을

평생 채소

1

55565758

106 成都

원수위안 쑤자이

울창한 숲으로 이뤄진 '원수위안(文殊院)'은 수대(隋代) 대업(大业) 연간에 건설되기 시작한 곳이에요. 이곳의 드넓은 잔디밭 위에는 검은 수탉들이 먹이를 찾으며 돌아다니고 있고, 연못의 연꽃잎 위에는 커다란 개구리 한 마리가 조각상처럼 꼼짝도 하지 않고 앉아 있답니다. 어느 여름날 정오 무렵에 이곳에 간 적이 있는데 그때 스님들이 삼삼오오 짝을 이루어 식후 산책을 즐기고 있었어요. 창파오(长袍)* 를 입고 손에는 양산을 받쳐 들고 있는 스님들에게 하마터면 "덥지 않으세요?"라고 물어볼 뻔 했답니다.

원수위안의 '쑤자이(素斋)'는 매우 유명한 곳이에요. 저는 매번 원수위안에 와서 분양할 때마다 습관적으로 쑤자이에 들러 공양하곤 했답니다. 애석하게도 현재는 내부 수리 중인데 언제 끝날지는 저도 잘 모르겠네요.

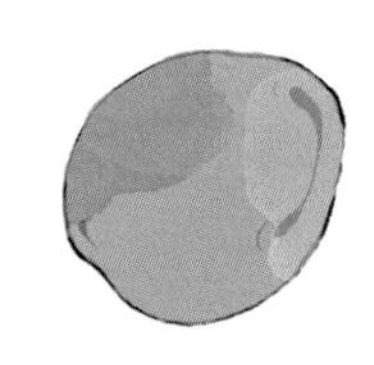

- 원수위안쑤자이(文殊院素斋)
- 인당 30위안
- ☆☆☆☆☆
- 더우반 쑤위(豆瓣素鱼), 칭더우장(青豆浆)
- 青羊区文殊院街15号文殊院
- 어른 입맛 소유자, 가족

* 창파오: 중국 전통 두루마기

107 成都 枣子树 짜오쯔수

'짜오쯔수(枣子)'는 최초의 채식 식당이에요. 그동안 기름진 생선과 고기를 소화하느라 힘들었던 우리의 위장에게 휴가를 줄 수 있는 곳이랍니다. 조명은 너무 밝지도 어둡지도 않은 것이 딱 적당하며, 테이블과 의자도 심플하고 깔끔해요. 음식의 양은 많지 않지만 메뉴가 다양해서 골라 먹는 재미가 있죠. 투명한 젤리 같은 '짜오쯔둥(枣子冻)'*을 한입 먹으면 위장 속의 기름기가 싹 씻기는 느낌이 들 거예요. '탕추 쑤샤오파이(糖醋素小排)'**는 고기로 만든 탕추 샤오파이(糖醋小排)***와 정말 똑같이 생겼어요. 갈비뼈 대신에 연근을 넣고 만들어서 함께 먹으면 아삭아삭하게 씹혀 더욱 맛있답니다. 먹다가 진짜 뼈인 줄 알고 뱉어내지 마세요.

- 짜오쯔수쑤찬관(枣子树素餐馆)
- 인당 64위안
- ☆☆☆☆☆
- 짜오쯔둥(枣子冻), 탕추 쑤샤오파이(糖醋素小排), 쑤샹창(素香肠), 카오쑹롱(烤松茸), 쑤주(素酒)
- 青羊区青龙街27号铂金城购物广场2号楼4楼
- 028-86282848
- 11:00~21:30
- 커플, 트렌드세터, 젊은이들

* 짜오쯔둥: 대추를 넣고 젤리처럼 만든 디저트 요리

** 탕추 쑤샤오파이: 탕추 샤오파이와 조리법이 같은 글루텐과 뿌리채소로 갈비 모양을 본떠 만든 채식자용 요리

*** 탕추 샤오파이: 튀긴 갈비에 설탕과 식초로 만든 소스를 버무려서 만든 요리

108 成都

维根素食 웨이건쑤스

'웨이건쑤스(维根素食)'는 종교적 색채가 강한 채식 음식점이에요. 곳곳에 불교 벽화가 걸려 있고 사원에서 맡을 수 있는 단향목의 향기도 난답니다. 식당 문을 열고 들어서는 순간 마음이 정화되는 느낌을 받을 수 있을 거예요. 이런 분위기 탓인지 불교 신자들이 이곳에서 자주 모임을 갖는다고 하네요. 음식에 상당히 신경을 썼고, 요리 이름에도 중생을 구제하는 의미가 담겨 있다고 해요. '광제산위안(广结善缘)'*, '돤어슈산(断恶修善)'** 처럼요.

- 웨이건쑤스(维根素食)
- 인당 120위안
- ☆☆☆☆☆
- 광제산위안(广结善缘), 돤어슈산(断恶修善), 구이화탕 훙수(桂花糖红薯) 투더우니(土豆泥), 특제 더덕가루(沙参粉), 상상첸(上上签), 허탕웨써(荷塘月色)
- 武侯区佳灵路9号[훙싱메이카이룽(红星美凯龙) 근처]
- 028-61813377
- 11:00~21:00
- 어른 입맛 소유자, 트렌드세터

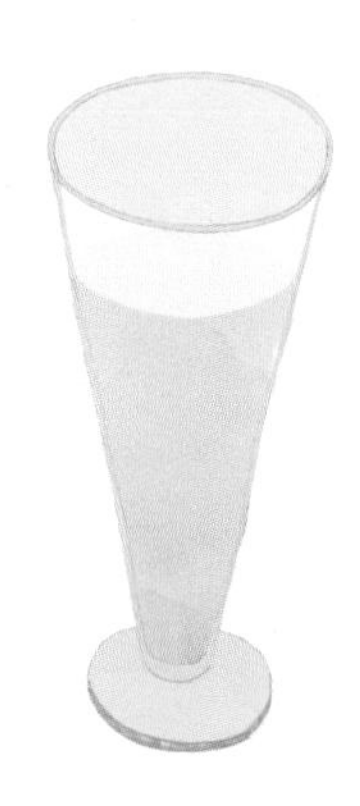

* 광제산위안: 선한 일을 많이 하여 좋은 인연을 맺음.

** 돤어슈산: 악업을 끊고 선업을 쌓아 선도(善道)에 들어가는 일

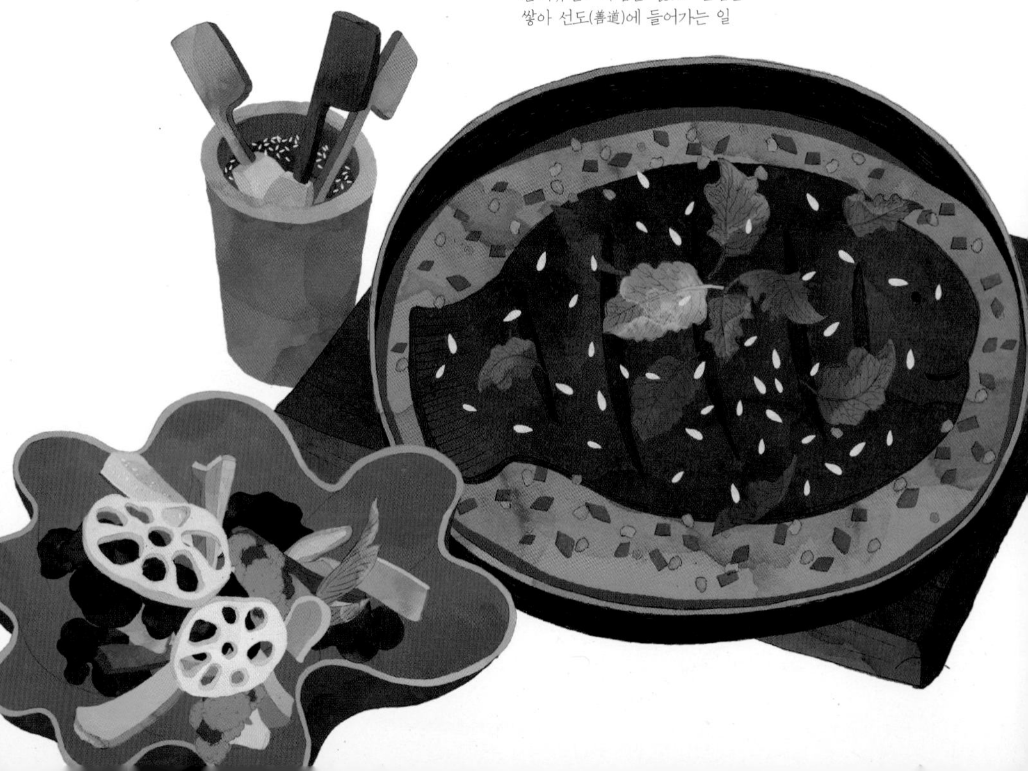

裸称
是一个
好习惯
몸무게를 잴 때는 옷을 다 벗는 것이 좋아요.
就不告诉你
안 가르쳐 줄 거야!

미식가의
1일 여행

吃货一日游

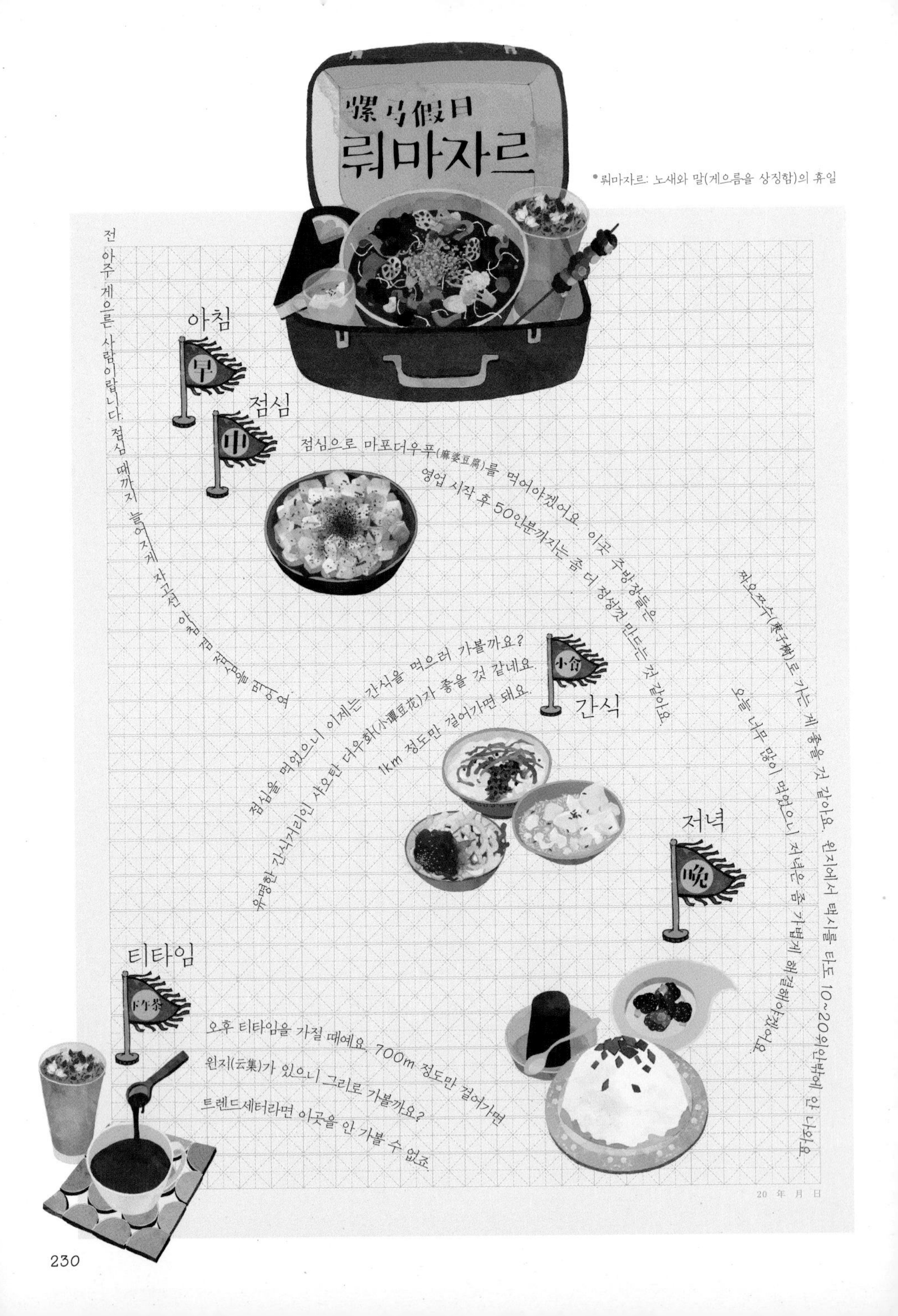

騾马假日
뤄마자르
•뤄마자르: 노새와 말(게으름을 상징함)의 휴일
전 아주 게으른 사람이랍니다. 점심 때까지 늘어지게 자고선 아침 겸 점심을 먹어요.
아침
早
점심
中
점심으로 마포더우푸(麻婆豆腐)를 먹어야겠어요. 이곳 주방장들은
영업 시작 후 50인분까지는 좀 더 정성껏 만드는 것 같아요.
小食
간식
점심을 먹었으니 이제는 간식을 먹으러 가볼까요?
유명한 간식거리인 샤오탄 더우화(小覃豆花)가 좋을 것 같네요.
1km 정도만 걸어가면 돼요.
저녁
晚
자오쯔수(枣子树)로 가는 게 좋을 것 같아요. 윈지에서 택시를 타도 10~20위안밖에 안 나와요.
오늘 너무 많이 먹었으니 저녁은 좀 가볍게 해결해야겠어요.
티타임
下午茶
오후 티타임을 가질 때예요. 700m 정도만 걸어가면
윈지(云集)가 있으니 그리로 가볼까요?
트렌드세터라면 이곳을 안 가볼 수 없죠.
20 年 月 日

圣诞树

성탄트리

위린라볜 玉林辣边

아침
早
점심
中
다들 아점 아시죠? OK! 오늘은 아점으로 위얼지(芋儿鸡)를 먹어볼까요?
간식
小食
위얼지로 배를 두둑이 채우기는 했는데 그래도 뭔가 좀 모자란 거 같아요.
여기서 400m 정도 걸어가면 라오지화루(老枝花卤)가
있으니 거기 가서 루차이(卤菜)를 좀 먹어야겠어요.
티타임
下午茶
이젠 차 한잔 하면서 수다나 좀 떨어야겠어요.
화즈(花枝)에서 마이자까지 택시를 타도 얼마 안 나와요!
야식
消夜
아직 오늘의 미식 여행이 끝난 게 아니랍니다! 야식이 남았잖아요.
택시를 타고 줴마오 메이웨이(绝妙美魏)에 가서 청두의 야식을 맛봅시다!
간식
小食
저녁
晚
저녁도 먹었으니 소화도 시킬 겸 어디 가서 시시콜콜한 수다나 좀 떨어볼까요?
저녁 먹을 시간이네요. 위린(玉林)에 가서 꼬치를 먹으면서
진정한 청두(成都)의 정취를 느껴볼래요.
20 年 月 日

모바이 원수위안
膜拜文殊院
아침
早
이틀 내내 아침을 못 먹었어요. 오늘은 아침을 꼭 먹을래요!
오늘 첫 번째 미식 여행지는 궁팅 가오뎬푸(宫廷糕点铺)로 결정했어요
점심
中
좀 덥네요. 시원한 걸 먹어야겠어요. 장량펀(张凉粉)으로 go go!
간식
小食
저는 대식가라서 이걸로는 양이 차지 않아요. 어떡하죠? 아! 500m만 걸어가면
옌타이포(严太婆)가 나오는데 거기서 궈쿠이(锅盔)나 사 먹어야겠어요.
저녁
晚
이제 곧 자야 할 시간이니 소화가 잘되는 음식을 먹어야 해요. 룽차오서우(龙抄手)가
부드러워서 괜찮을 것 같아요. 너무 가볍다고 생각되면 푸치페이폔(夫妻肺片)을
함께 시켜서 먹으면 돼요. 한층 더 입맛을 돋워준답니다.
Page :
月 日

小聚宽窄
샤오쥐 콴자이

아침
早
여러분, 어서 일어나서 아침 먹으러 가요!
길거리에서 파는 바오쯔(包子)나 예얼바(叶儿粑)도 아침으로 괜찮을 것 같아요.
점심
中
점심 때가 된 줄도 몰랐네요. 그동안 생선을 자주 못 먹었으니
오늘 점심으로는 생선 요리를 먹으러 갈래요. 스징성훠(市井生活)의
마쟈오위(麻椒鱼)가 괜찮을 것 같아요.
간식
小食
요즘은 골목마다 탕유궈쯔(糖油果子)가 있지만 맛은 별로 없어요.
맛있는 탕유궈쯔를 먹고 싶다면 퉁후이먼(通惠门)역 입구로 가보세요.
어릴 때 먹던 맛 그대로의 탕유궈쯔를 맛볼 수 있을 거예요.
티타임
下午茶
좀 걸었더니 목이 마르네요. 화젠(花间)에 가서
가이완차(盖碗茶)를 한잔 마셔야겠어요.
저녁
晚
저녁 때가 되었나 봐요. 배가 고파요. 여기서 몇 골목만 가면
룽썬위안(龙森园)이 나오니 거기서 훠궈(火锅)를 먹읍시다!
Page
20 年 月 日

마라춘시루

麻辣春熙路
아침을 안 먹으면 오히려 살이 더 찐다고 해요.
그래서 저도 이제부터는 아침 먹는 습관을 들이려고요.
오늘 아침 메뉴는 바로 싼성몐(三圣面)입니다.
아침
早
못 남성들이 춘시루(春熙路)에 가는 것은 단지 쇼핑 때문만은 아닐 겁니다.
괜찮아요. 아름다운 여성에게 눈길이 가는 건 정상이니까요. 쇼핑 간 김에 배가 고프면
판쑨스에 가서 투러우 요리를 맛보세요.
점심
中
간식
小食
판쑨스에서 동쪽으로 몇 걸음 걸어가면 장마라가
나와요. 거기서 닭발이랑 토끼 머리고기를 좀 먹고 가야겠어요.
저녁
晩
요 며칠 너무 많이 먹어서 체중을 재볼 엄두를 못 냈어요.
그래도 오늘 저녁에는 주궁거 훠궈(九宫格火锅)를 먹으러 갈래요.
장마라에서 택시를 타면 기본요금보다 조금 더 나온답니다.
Page :
20 年 月 日

후기

이 책은 한마디로 제 피와 땀으로 열매를 맺은, 부단한 노력의 결과라고 할 수 있어요. 제가 대학원을 다닐 때 가장 심혈을 기울여서 만든 작품이에요. 나중에 나이가 들어서 이 책을 다시 보게 된다면 그때의 일을 회상하며 추억에 잠기게 되겠지요.

먼저 이 책을 출판할 수 있게 도와준 분들께 감사의 인사를 드리고 싶어요. 그중에서도 가장 먼저 위안위안(元元) 언니에게 감사의 말을 전하고 싶네요. 그녀가 없었다면 이 책은 세상 밖으로 나오지도 못했을 거예요. 덕분에 제가 그동안 상상했던 가장 완벽한 책을 낼 수 있게 되었어요. 그리고 치루(齐鲁) 선배의 도움에도 감사를 드리고 싶어요. 저에게 인디자인(InDesign)을 기초부터 하나하나 세심하게 가르쳐 주셨고, 책을 디자인하는 데 있어 항상 조언을 아끼지 않으셨답니다. 선배의 도움이 없었다면 이렇게 예쁜 책은 나올 수 없었을 거예요(간접적으로 제 책을 칭찬한 모양새가 됐네요). 샤오웨이(小伟)한테도 감사의 인사를 빼먹으면 안 될 것 같아요. 제가 날마다 전화해서 책에 관해 이것저것 자질구레한 것까지 묻곤 해서 많이 귀찮았을 텐데 한 번도 불안해하거나 초조한 내색을 하지 않아줘서 정말 고마워요. 하루빨리 당신의 지연 행동(Procrastination)이 치유되기를 바라요.

그리고 제 삶의 롤모델이신 우쉐푸(吴学夫) 지도 교수님께도 감사를 드려요. 교수님의 지지 덕분에 대학원 시절에 한층 더 성장할 수 있었어요. 저는 교수님의 영원한 광팬이 될 거예요. 이외에도 저에게 도움을 주신 분들은 이루 말할 수 없이 많답니다. 루잉(芦影) 선생님은 항상 격려의 말씀을 해주셨고, 양레이(杨蕾) 선생님은 제 뒤에서 묵묵히 응원의 메시지를 보내주셨어요. 궈타이허(郭开鹤) 선생님은 광가오(广告)대학에서 가장 자애로운 분이셨죠. 이 모든 분께 진심으로 머리 숙여 감사를 드립니다. 여러분 모두 사랑합니다!

마지막으로 부모님께도 감사의 인사를 드리고 싶어요. 부모님이 안 계셨다면 지금 저도 이 자리에 없었을 테죠. 그리고 이 나라(?)도 걸출한 작품 하나와 적극적이고 상상력이 풍부하지만 어딘가 약간 모자란 젊은 청년 하나를 놓쳤을 겁니다! 하하.

참! 혹시 아직도 이 책에 숨겨진 비밀을 찾지 못하셨나요? 그럼 지금 알려드릴게요.

1. 연속으로 책장을 휘리릭 넘겨보세요. 오른쪽 하단에 젓가락이 움직이는 게 보일 거예요.
2. 220쪽과 221쪽을 접었다 폈다 해보세요. 판다 mumu가 윗몸 일으키기를 하고 있어요. 먹기는 쉽지만 살 빼는 건 어렵답니다. 먹는 행복감을 누리려면 여러분도 열심히 운동하세요!

2014년 5월 28일
캉칭(康清)

사천미식 별책부록

쓰촨 청두 맛집 찾기

쓰촨 청두 맛집 찾기

쓰촨 청두 맛집 찾기

이담 Books

부록 사용법

가격 환경 잔혹성 추천메뉴
주소 전화 영업시간 추천대상

蜀九香火锅酒楼

수주샹훠궈식당

Shujiuxiang Hot Pot Restaurant Nanfu Shop

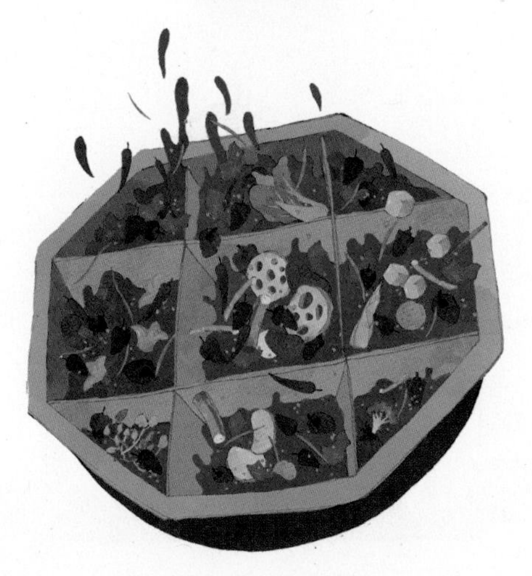

ⓜ 인당 96위안 ☆☆☆☆ 주샹뉴러우(九香牛肉), 어창(鵝肠), 샹차이완쯔(香菜丸子, 고수완자), 주샹파이구(九香排骨, 구향갈비) 锦江区人民南路二段南府街53号 028-82996969 10:30~23:00 직장인, 어린이 입맛 소유자

龙森园火锅

룽썬위안훠궈

Longsenyuan

인당 106위안 ☆☆☆☆☆ 황라딩(黄辣丁), 넌뉴러우(嫩牛肉), 황허우(黄喉), 어창(鹅肠), 뉴서(牛舌) 青羊区琴台路60号 028-86155158 11:30~23:00 직장인, 가족

大妙火锅(东区音乐公园店)

다먀오훠궈
DAI MIU Hot Pot

인당 109위안 ☆☆☆☆☆ 야창(鸭肠), 미국식 페이뉴(肥牛), 샤화(虾滑) 成华区建设南路95号[둥자오지이(东郊记忆) 옆] 028-84391111 11:00~22:00 외국인, 가족, 직장인

(004 成部)

巴蜀大宅门火锅

바수다자이먼훠궈

Bashu Dazhaimen Hot Pot (Xinhua Park Shop)

인당 59위안 ☆☆☆☆☆ 과멘야창(挂面鸭肠), 황허우(黄喉), 샤자오(虾饺), 산위(鳝鱼) 成华区新鸿南路75号[신화(新华)공원 후문 근처] 028-84346222 11:00~익일 새벽 02:00 어린이 입맛 소유자, 가족

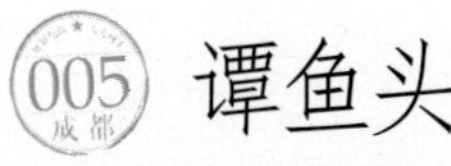

谭鱼头

탄위터우

Tanyoto

인당 87위안 ☆☆☆☆☆ 위터우(鱼头), 서우모 더우푸(手磨豆腐, 수제 두부)

锦江区水津街1号兰桂坊17栋2楼 028-85007890 09:30~익일 새벽 02:00

커플, 직장인, 외국인

自贡芭夯兎

쯔궁바항투

Bahotu

인당 54위안 ☆☆☆½ 투러우(兔肉, 토끼고기), 투터우(兔头, 토끼 머리 고기), 완더우젠(豌豆尖) 武侯区科华南路10号 028-85251498 11:30~14:00, 16:30~21:00 가족, 어린이 입맛 소유자

张记鲜毛肚全牛杂

장지셴마오두취안뉴짜
Zhangji Xian Maodu Quan Niuza

인당 38위안 ☆☆☆ 셴마오두(鲜毛肚), 셴어창(鲜鹅肠), 황뉴러우 페이뉴(黄牛肉肥牛) 成都近郊青白江区唐家寺三里场新兴街1号 028-83672693 11:30~21:00 주머니 가벼운 여행자, 어린이 입맛 소유자

鹤鸣茶社

허밍차서
Heming Tea House

⓪ 인당 20위안 ☆☆☆☆☆ 비탄퍄오쉐(碧潭飘雪), 치먼훙차(祁门红茶), 멍딩산간루(蒙顶山甘露), 국화차, 마오젠(毛尖) 青羊区少城路12号[런민(人民)공원 내]
어른 입맛 소유자, 주머니 가벼운 여행자, 가족

인당 150위안 ☆☆☆☆☆ 주예칭(竹叶青), 푸얼차(普洱茶) 青羊区宽巷子16号 028-86255700 09:00~23:30 직장인, 주머니가 두둑한 사람, 외국인

010 成都

大慈寺禅茶堂

다츠쓰찬차탕
Dacisi Chanchatang

인당 20위안 ☆☆☆☆☆ 주예칭(竹叶青), 화마오펑(花毛峰) 锦江区东风路大慈寺 028-86658341 어른 입맛 소유자, 주머니 가벼운 여행자

顺兴老茶馆

순싱라오차관
Shunxinglao Tea House

인당 88위안 ☆☆☆☆☆ 간식 세트 金牛区沙湾路258号国际会展中心3楼[사완(沙湾)국제회의센터 남쪽] 028-87693202, 028-87693203 10:00~21:00 직장인, 외국인

李长清三大炮

리창칭싼다파오
Lichang Qingsan Dapao

인당 10위안 ☆☆☆☆ 싼다파오(三大炮) 武侯区锦里九品街10号 주머니 가벼운 여행자, 외국인, 트렌드세터

黄记传统丁丁糖

황지촨퉁딩딩탕
Huangji Tradition Dingding Tang

인당 5위안 ☆☆☆☆ 딩딩탕(丁丁糖) 双流县黄龙溪 촌락 내 주머니 가벼운 여행자, 외국인, 트렌드세터

田园印象

텐위안인샹

Tianyuan Yinxiang

인당 50위안 ☆☆☆☆☆ 자포 훙샤오러우(家婆红烧肉), 쓰촨 레이쟈오치에(四川擂椒茄), 훙탕샤오 궈쿠이(红糖小锅盔), 훙샤오피 후이궈러우(红苕皮回锅肉), 톈사오바이(甜烧白) 锦江区二环路东四段408至412号 028-84496552 11:30~21:00

트렌트세터, 외국인

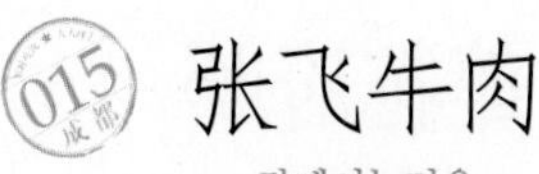

张飞牛肉

장페이뉴러우
Zhangfei Niurou

인당 43위안 ☆☆☆☆☆ 장페이 뉴러우(张飞牛肉) 武侯区锦里37号
직장인, 트렌드세터

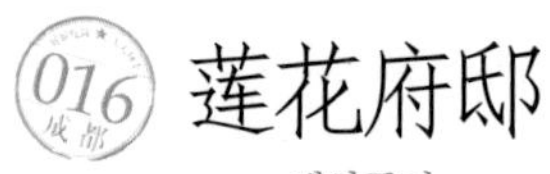

莲花府邸

렌화푸디
Lianhua Fudi

인당 100위안 ☆☆☆☆½ 추수이루룽(出水芙蓉) 武侯区武侯祠大街231号附12号 13348915173, 028-85537676 문화애호가, 어린이 입맛 소유자

工人村陆记蛋烘糕/贺记蛋烘糕

궁런춘 루지단훙가오 / 허지단훙가오

Gongrencun Luji Danhonggao / Heji Danhonggao

인당 4위안 ☆☆ 과이웨이 시알(怪味馅儿), 즈마바이탕 시알(芝麻白糖馅儿), 마라뉴러우 시알(麻辣牛肉馅儿), 샤라러우쑹 시알(沙拉肉松馅儿) 루지: 金牛区内曹家巷工人村 / 허지: 青羊区文庙西街1号附8号 허지: 13551890805 루지: 13:00~18:00 / 허지: 11:00~21:00 주머니 가벼운 여행자, 학생, 어린이 입맛 소유자

018 成都

老号无名包子

라오하오우밍바오쯔
Laohao Wuming Steamed Stuffed Bun

인당 6위안 ☆☆☆ 예얼바(叶儿粑), 단단몐(担担面), 추이샤오(脆绍) 칼국수
青羊区长顺上街桂花 골목 어귀 주머니 가벼운 여행자, 학생, 어린이 입맛 소유자

춘양수이자오
Chunyang Dumplings

인당 11위안 ☆☆☆☆ 홍유 수이자오(红油水饺) 锦江区菱窠路25号[쓰촨(四川)사범대학 북대문 근처] 028-89913942 08:40~19:00 학생

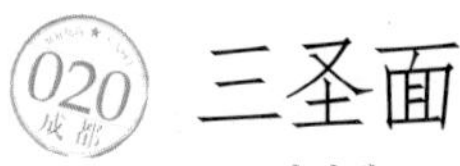

三圣面

싼성몐
Sansheng Mian

ⓜ 인당 8위안 ☆☆☆ 수자오 짜장몐(素椒杂酱面), 산위몐(鳝鱼面) 锦江区三圣街58号附14号 028-86715761 07:00~20:00 주머니 가벼운 여행자, 학생

刘记铺盖面

류지푸가이몐
Liuji Pugai Mian

ⓜ 인당 9위안 ☆☆☆ 지짜 푸가이몐(鸡杂铺盖面), 짜장 푸가이몐(杂酱铺盖面), 쏸차이러우쓰 푸가이몐(酸菜肉丝铺盖面) 金牛区茶店子南街6号附17号 주머니 가벼운 여행자

龙抄手

룽차오서우
Long Meat Dumplings

ⓓ 인당 17위안 ☆☆☆☆ 룽차오서우(龙抄手) 青羊区文殊院金马街35号 028-86927616 10:00~21:00 주머니 가벼운 여행자, 트렌드세터, 어른 또는 어린이 입맛 소유자

严太婆锅盔

엔타이포궈쿠이
Yan Taipo Guokui

ⓜ 인당 6위안 ☆☆☆ 뉴러우 궈쿠이(牛肉锅盔), 훙탕 궈쿠이(红糖锅盔), 싼쓰 궈쿠이(三丝锅盔), 궁쭈이 궈쿠이(拱嘴锅盔) 青羊区人民中路三段19号[원수위안(文殊院)역 K출구 근처] ◡ 주머니 가벼운 여행자, 어린이 입맛 소유자

陈麻婆豆腐

천마포더우푸
Chenmapo Doufu Old Store

Ⓓ 인당 45위안 ☆☆☆☆½ 천 마포더우푸(陈麻婆豆腐), 쭈이 더우화(醉豆花), 궁바오지딩(宫保鸡丁), 마오쉐왕(毛血旺) 青羊区西玉龙街197号 028-86754512
11:30~14:30, 17:30~21:00 주머니 가벼운 여행자, 어린이 입맛 소유자

市井生活

스징성훠
Shijing Life

인당 52위안 ☆☆☆☆☆ 마쭈이지위(麻嘴鲫鱼), 훠샹산위(藿香鳝鱼) 青羊区宽窄巷子井巷子8号 028-86633618 11:30~20:40 주머니 가벼운 여행자, 외국인, 가족

喻家厨房

위자추팡
Yujia Chufang

ⓜ 인당 600위안 ⛰ ☆☆☆☆☆ 👍 원팡쓰바오(文房四宝), 카이수이 바이차이(开水白菜), 바오위량펀(鲍鱼凉粉) 🏠 青羊区下同仁路窄巷子43号 ✆ 028-86691985 ⓛ 12:00~14:00, 17:30~21:00 ☺ 주머니가 두둑한 사람, 직장인, 외국인, 가족

乡村菜

상춘차이
Xiangcun Cai

㉬ 인당 71위안 ⛪ ☆☆☆☆ 👍 훙샤오칭와(红烧青蛙), 샹라지쑤이(香辣脊髓), 훙샤오산펜(红烧鳝片), 짜이장지(仔姜鸡) ⛳ 青羊区草堂路街道浣花北路8号国土宾馆 ✆ 028-87360030 🕒 11:40~13:30, 17:40~20:30 ☺ 하드코어 입맛 소유자, 어린이 입맛 소유자

银杏

인싱

Yinxing Sichuan Cuisine

ⓜ 인당 219위안 ☆☆☆☆☆ 장차야(樟茶鸭), 카이수이 바이차이(开水白菜) 武侯区临江中路12号 028-85555588 10:00~22:00 주머니가 두둑한 사람, 직장인, 외국인

巴国布衣

바궈부이

Baguo Buyi

ⓜ 인당 118위안 ☆☆☆☆☆ 마오쉐왕(毛血旺), 토마토 소갈비, 싼샤 스바오추이창(三峡石爆脆肠) 武侯区高新区神仙树南路63号 028-85511888, 028-85511999 10:00~14:00, 17:00~21:00 직장인

斗鸡饭场伙

더우지판창훠
Dou Ji Fan Chang Huo

인당 29위안 ☆☆☆☆ 롼반더우간(乱拌豆干), 보보톈지(钵钵田鸡), 바이허난과(百合南瓜), 바바지좌(粑粑鸡爪) 青羊区同心路27号 028-86698913 12:00~21:30 주머니 가벼운 여행자, 어린이 입맛 소유자

滋味烤鱼

쯔웨이카오위
Ziwei Roasted Fish

인당 70위안 ☆☆☆☆ 카오위(烤鱼), 매실주, 흑맥주 青羊区西大街1号 新城市广场 지하주차장 출입구 028-61988893 10:00~익일 새벽 02:00 어린이 입맛 소유자, 커플

鸡茅店

지마오뎬
Jimao Shop

인당 46위안 ☆☆☆☆ 강낭콩 라러우 콩판(四季豆臘肉控饭), 훙샤오러우(红烧肉), 자오마지(椒麻鸡) 武侯区七道堰街8号 028-85068147 11:30~21:00
주머니 가벼운 여행자, 어린이 입맛 소유자

清真皇城坝牛肉馆

칭전황청바 뉴러우관
Huangchengba Beef

ⓜ 인당 32위안 ☆☆☆☆ 편정 뉴러우(粉蒸牛肉), 뉴러우탕(牛肉汤) 武侯区肖家河街2号 ☺ 주머니 가벼운 여행자, 어린이 입맛 소유자

鹦鹉叙

잉우쉬

Yingwuxu

인당 80위안 ☆☆☆☆☆ 쏸니 바이러우쥐안(蒜泥白肉券), 잉우 샤오미라오(鹦鹉小米捞), 지샹위(吉祥鱼) 武侯区外双楠置信路龙阳街52号 028-87028188 10:00~22:00 커플, 트렌드세터, 직장인

粉彩

펀차이
Fencai

인당 65위안 ☆☆☆☆☆ 펀차이 선마야(粉彩神马鸭), 땅콩 멘멘빙(绵绵冰)
成华区双庆路8号华润万象城4楼456号商铺 028-61393036 11:30~14:30, 17:00~20:50 트렌드세터, 커플, 어린이 입맛 소유자

皇城牛肉老店

황청뉴러우라오뎬
Huangcheng Niurou laodian

ⓜ 인당 30위안 ⛪ ☆ 👍 펀정 뉴러우(粉蒸牛肉), 뤄보 샤오뉴러우(萝卜烧牛肉), 뉴러우 후이궈러우(牛肉回锅肉), 뉴짜탕(牛杂汤) 🏠 青羊区包家巷83号 ☺ 주머니 가벼운 여행자

江油肥肠

장유페이창

Jiangyou Feichang

인당 27위안 ☆☆ 간볜페이창(干煸肥肠), 사오페이창(烧肥肠), 후이궈페이창(回锅肥肠) 武侯区肖家河中街26-32号 하드코어 입맛 소유자, 주머니 가벼운 여행자

八二信箱私房钟水饺

바얼신샹중수이자오

82 Xinxiang Sifang Zhong Shuijiao

인당 20위안 ☆☆½ 냉면, 중수이자오(钟水饺) 成华区建设路71号八二信箱宿舍区金桂苑21幢2单元1楼[청두화롄(成都华联) 근처] 11:00~18:00 주머니 가벼운 여행자, 어린이 입맛 소유자

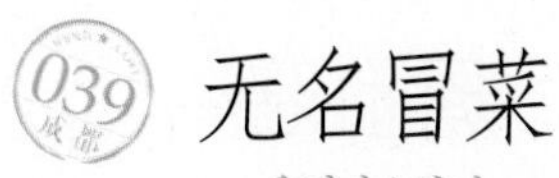

无名冒菜

우밍마오차이
Wuming Maocai

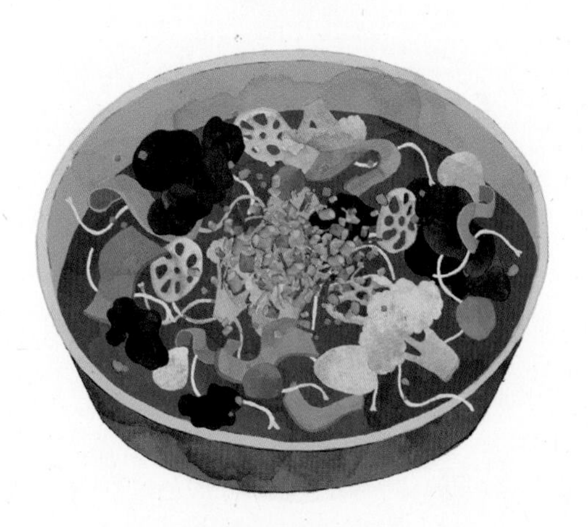

ⓘ 인당 20위안 ♧ ✓ ☝ 마오뉴러우(冒牛肉), 마오안춘단(冒鹌鹑蛋), 마오마오두(冒毛肚), 마오수차이(冒素菜) ⚐ 青羊区西二道街19号[진서샤웨이(金色夏威夷, 골드 하와이) 근처] ☺ 주머니 가벼운 여행자, 어린이 입맛 소유자

周血旺

저우쉐왕

Zhou Xie Wang

인당 29위안 ⸺ 페이창 쉐왕(肥肠血旺) 大邑县新场镇太平正街6号 근처 주머니 가벼운 여행자, 어린이 입맛 소유자

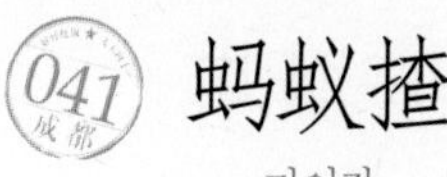

蚂蚁揸

마이자
Mayizha Desserts

인당 41위안 ☆☆☆☆ 양즈간루(杨枝甘露), 망고 반지(芒果班戟) 武侯区玉林西路165号附16号 028-85187250 12:00~24:00 트렌드세터, 커플

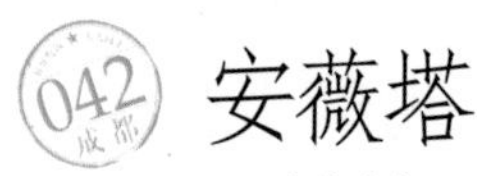

安薇塔

안웨이타
Annvita Tea Room

인당 120위안 ☆☆☆☆☆ 빅토리아 장미수, 영국식 밀크티(奶茶), 오렌지 제국(香橙帝国), 과실차, 수제 쿠키 武侯区科华中路9号王府井百货2楼 트렌드세터, 커플

绘咖啡

후이카페이
Hui Café

인당 36위안 ☆☆☆☆☆ 헤이썬린(黑森林) 모카커피, 재스민 백합차, 후이카페이(绘咖啡), 예나이 카페이둥(椰奶咖啡冻) 锦江区水碾河南3街37号U37创意仓库2栋1号 028-86009244 10:00~24:00 트렌드세터, 커플

蜜望树

미왕수
Miwangshu

인당 31위안 ☆☆☆☆☆ 쉐리루후이 샤오칭신(雪梨芦荟小清新), 훙잉타오(红樱桃) 치즈케이크 金牛区一环路北三段1号 완다(万达)광장 보행도로 W5–A상점 028-83173212 09:30~22:30 젊은이들, 트렌드세터, 커플, 식견을 넓히고자 하는 사람

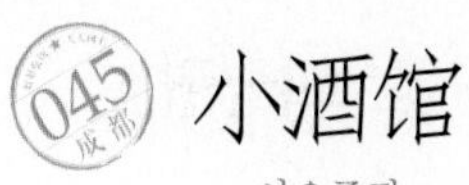

小酒馆

샤오주관
Xiaojiuguan

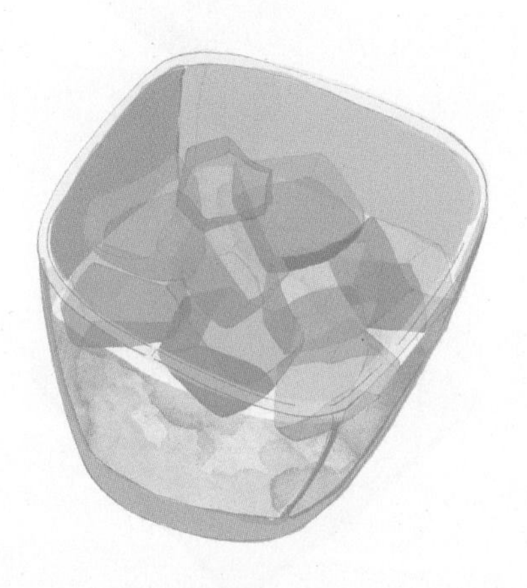

인당 47위안 ☆☆☆☆☆ 칭다오 위안장(青岛塬浆), 바이리톈(百利甜) 武侯区玉林西路55号 028-85568552 18:30~익일 새벽 02:00 트렌드세터, 젊은이들, 커플, 어린이 입맛 소유자

云集杂货店

윈지잡화점

Yunji Zahuodian

인당 20위안 ☆☆☆☆☆ 윈지의 추천메뉴, 자연의 눠미샹(糯米香), 판다 펑미수이(蜂蜜水), 스페셜 밀크티 青羊区焦家巷25号附3号 15881117894 12:00~21:30 트렌드세터, 젊은이들, 커플

荒石公园咖啡馆

황스궁위안 커피숍
Nature & Life

ⓜ 인당 34위안 ☆☆☆☆½ 👍 펀짜이(盆栽)커피, 치즈케이크, 티라미수, 구이화(桂花) 치즈케이크, 허브차, 장미밀크티 📍 青羊区长顺下街红墙巷24号附11号 ✆ 15881067823 🕒 13:00~22:30 ☺ 젊은이들, 트렌드세터, 커플, 식견을 넓히고자 하는 사람

张麻辣

장마라

Zhang Spicy-Hot

ⓜ 인당 20위안 ☆☆☆ 루지좌좌(卤鸡爪爪), 루투터우(卤兎头), 쑤안니 바이러우(蒜泥白肉) 锦江区三圣街12号[사마오가(纱帽街) 근처] 주머니 가벼운 여행자, 하드코어 입맛 소유자, 어린이 또는 어른 입맛 소유자

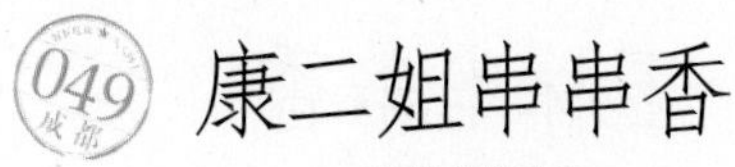

康二姐串串香

카얼제촨촨샹
Kang'erjie Tasty Shashlik

인당 50위안 ☆☆ 야서(鸭舌, 오리 혀), 페이비얼(飞餅儿), 나오화(脑花) 锦江区中道街99号附32号 13018231143 11:30~20:00 하드코어 입맛 소유자, 어린이 입맛 소유자, 주머니 가벼운 여행자

玉林串串香

위린촨촨샹

Yulin Tasty Shashlik Head Office

인당 52위안 ☆☆☆ 소고기, 쥔간(郡肝), 마오두(毛肚), 황허우(黄喉) 武侯区玉林街26号附23号 028-85580723 학생, 어린이 입맛 소유자, 주머니 가벼운 여행자

盘飧市

판쑨스
Pansunshi Restaurant

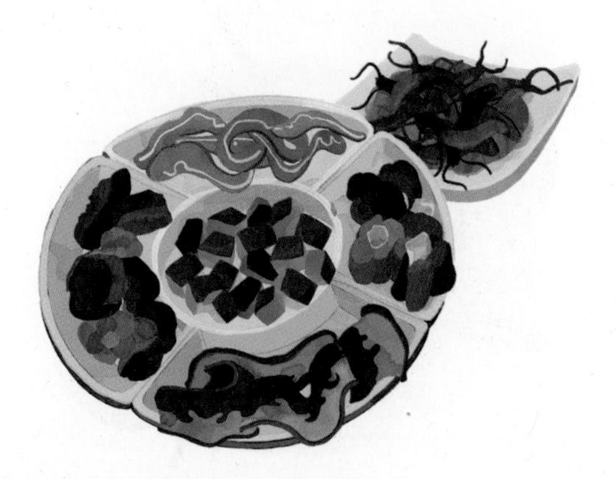

ⓜ 인당 45위안 ☆☆☆☆½ 루러우 궈쿠이(卤肉锅盔), 루러우(卤肉) 모둠요리, 루야서(卤鸭舌) 锦江区华兴正街64号 028-86750609 11:30~14:00(중식), 17:30~21:00(석식), 09:30~18:00[루차이(卤菜)] 어린이 입맛 소유자, 주머니 가벼운 여행자, 가족

侨一侨乾锅店

차오이차오간궈뎬
Qiaoyiqiao Dry Pot Hall

인당 41위안 ☆☆ 야춘투터우 허차오(鸭唇兎头合炒) 锦江区耿家巷44号 하드코어 입맛 소유자, 어린이 입맛 소유자

洞子口张老二凉粉

둥쯔커우장라오얼량펀

Dongzi Kouzhang Lao'er Liangfen

인당 8위안 ☆☆☆ 텐수이멘(甜水面), 반황량펀(拌黄凉粉), 반바이량펀(拌白凉粉), 주량펀(煮凉粉) 青羊区文殊院街39号 주머니 가벼운 여행자, 어른 입맛 소유자

小谭豆花

샤오탄더우화
Xiaotan Douhua

인당 12위안 ☆☆☆☆ 싼쯔 더우화(馓子豆花), 빙쭈이 더우화(冰醉豆花)
青羊区西大街86附13号 주머니 가벼운 여행자, 외국인, 어른 입맛 소유자

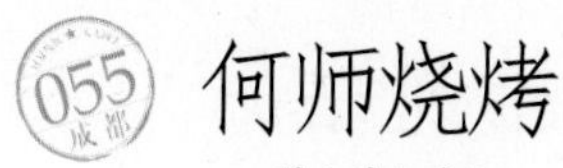

何师烧烤

허스사오카오

Heshi Barbecue

인당 51위안 ☆☆☆½ 량가오(凉糕), 카오다체(烤大茄), 우화러우(五花肉, 삼겹살), 카오나오화(烤脑花), 카오샹자오(烤香蕉), 카오지츠(烤鸡翅) 武侯区科华北路143号 란써자레이비(蓝色加勒比)광장 내 학생

拾光甛品

스광톈핀

Shiguang Tianpin

ⓜ 인당 32위안 ☆☆☆☆☆ 류롄 왕판(榴莲忘返), 망고 몐몐빙(芒果绵绵冰) 武侯区少陵路351号 028-85254196 14:00~24:00 트렌드세터, 커플, 어린이 입맛 소유자

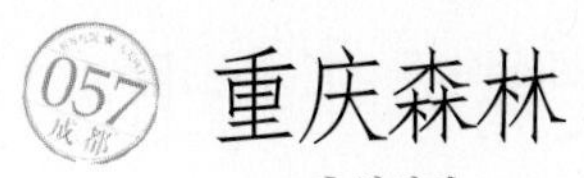

重庆森林

충칭썬린

Chongqing Forest Chuandadian

ⓓ 인당 15위안 ⛪ ☆☆☆ 👍 보보지(钵钵鸡), 이빈 란멘(宜宾燃面) 📍 武侯区郭家桥北街3号附6号[쓰촨(四川)대학 부근] ☺ 학생, 주머니 가벼운 여행자, 트렌드세터, 어린이 입맛 소유자

大嘴霸王排骨

다쭈이바왕파이구
Dazui Bawang Chop

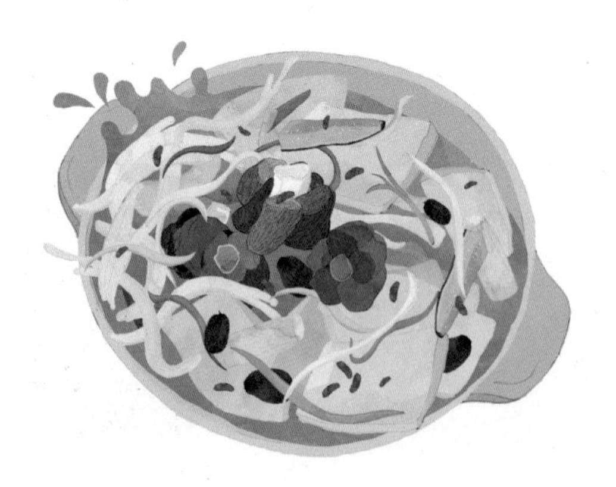

인당 50위안 ☆☆☆☆ 예쥔(野菌)갈비전골, 주티샤(猪蹄虾), 바왕파이구(霸王排骨), 쏸샹파이구(蒜香排骨) 锦江区静安路7号校园春天广场1楼/2楼[쓰촨(四川)사범대학 남대문 근처] 028-68010011 월요일~목요일 11:00~13:00, 15:30~22:00 / 금요일~일요일 11:00~22:00 학생, 어린이 입맛 소유자

徐胖烤蹄

쉬팡카오티
Xuliangpang Gekaoti

인당 8위안 ☆☆☆ 카오주티(烤猪蹄) 成华区电子科大建设路建设巷 먹자거리 13060089115 12:00~22:00 주머니 가벼운 여행자, 어른 입맛 소유자, 식견을 넓히고자 하는 사람

060 成都

休息钟·果木牛排馆

슈시중 · 궈무뉴파이관
Southwest University for Nationalities

Ⓓ 인당 107위안 ☆☆☆☆☆ 궈무 뉴파이(果木牛排), 프랑스식 캐러멜 푸딩[자오탕부뎬(焦糖布甸)], 신타이롼(心太软) 초콜릿케이크 青羊区青羊大道99号附17号优品道 보행도로[시난민주(西南民族)대학] 028-87316128 10:30~22:30 커플, 학생, 트렌드세터

糖画

탕화
Tanghua

인당 5위안 탕화(糖画), 자오자오탕(绞绞糖) 런민(人民)공원 내 학생, 외국인

糖油果子

탕유궈쯔

Tangyou Guozi

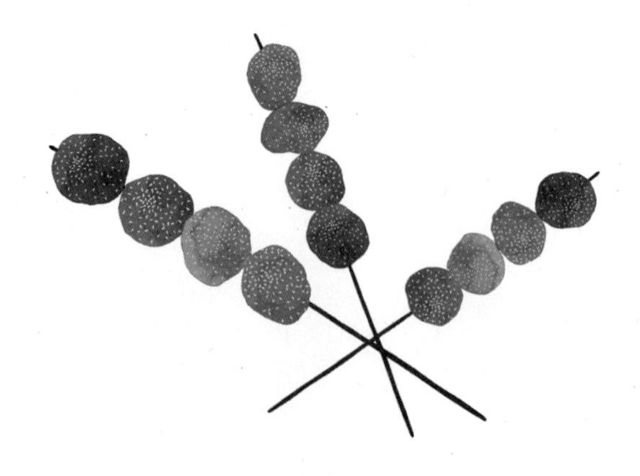

ⓜ 인당 2.5위안 ⛪ ☆☆ 👍 탕유궈쯔(糖油果子) 🚶 주말 친타이루(琴台路) 맞은편 퉁후이먼(通惠门) 정류장 근처 🕒 일정하지 않음. ☺ 주머니 가벼운 여행자, 어린이 입맛 소유자

宫廷糕点铺

궁팅가오뎬푸
Gongting Gaodianpu

㉤ 인당 15위안 ☆☆☆☆ 타오쑤(桃酥), 단황쑤(蛋黄酥), 미화탕(米花糖), 나폴레옹 미더우단가오(密豆蛋糕) 青羊区酱园公所街58号[원수위안(文殊院) 근처] 028-86942646 08:00~22:00 어른 입맛 소유자, 주머니 가벼운 여행자

闻酥园

원쑤위안
Wensuyuan

ⓜ 인당 15위안 ☆☆☆☆ 룽옌쑤(龙眼酥), 첸청쑤(千层酥), 후데쑤(蝴蝶酥), 자오옌쑤(椒盐酥), 충유쑤(葱油酥) 青羊区人民中路三段37号附4号[원수위안(文殊院) 근처] 028-69693791 08:00~22:00 주머니 가벼운 여행자, 어린이 입맛 소유자

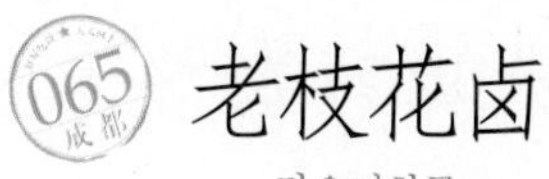

老枝花卤

라오지화루
Laozhi Hualu

인당 40위안 ☆☆☆☆ ☆☆☆ 루야서(卤鸭舌), 루뉴러우(卤牛肉), 루쥔바(卤郡把), 루서러우(卤蛇肉), 루파이구(卤排骨) 武侯区玉林玉洁西街玉洁巷3号附1号 028-69954530 09:00~21:30 하드코어 입맛 소유자, 어린이 입맛 소유자

天佑祥万春老卤

텐유샹완춘라오루
Tianyou Xiangwanchun Laolu

ⓜ 인당 48위안 ⛺ ☆☆☆☆ ◇ ☆☆☆ 👍 루주얼둬(卤猪耳朵), 루페이창(卤肥肠)
⛰ 温江区天乡后街 근처 ✆ 028-82612866 🕘 09:00~19:00 ☺ 하드코어 입맛 소유자, 어린이 입맛 소유자

黄伞肺片

황싼페이피엔
Huangsan Feipian

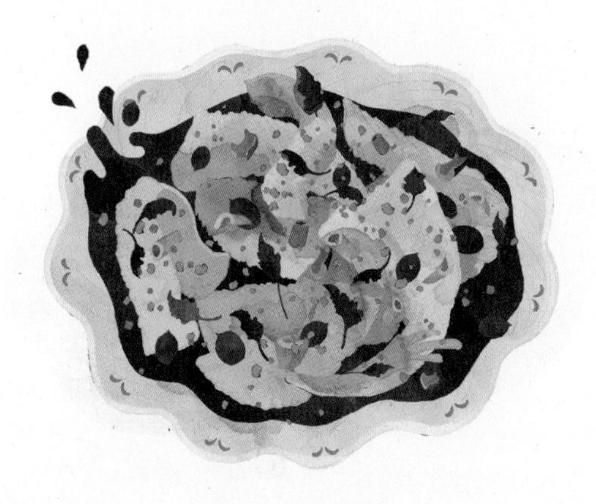

인당 21위안 ☆☆☆½ ☆☆☆½ 반페이피엔(拌肺片), 반얼쓰(拌耳丝)
武侯区郭家桥西街4号附9号 하드코어 입맛 소유자, 학생

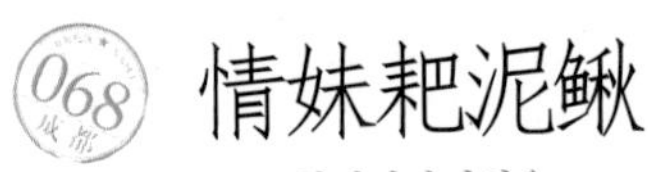

情妹耙泥鳅

칭메이파니치우

Qingmeiba Niqiu

인당 55위안 ☆☆☆☆ ☆☆☆☆ 파니치우(耙泥鳅), 어장(鹅掌), 야춘(鸭唇, 오리 입), 간궈화차이(干锅花菜) 武侯区科华北路153号宏地大厦内[얼환루(二环路) 입구] 028-85241696 11:00~익일 새벽 02:00 하드코어 입맛 소유자, 어린이 입맛 소유자

川西坝子火锅

촨시바쯔훠궈
Chuanxi Bazi Huoguo

인당 75위안 ☆☆☆☆☆ ☆☆☆☆ 어창(鹅肠), 넌뉴러우(嫩牛肉), 첸청두(千层肚) 金牛区蜀兴西街16号 4000517517, 028-87799517 11:00~익일 새벽 03:00 가족, 직장인, 하드코어 입맛 소유자

伤心凉粉

상신량펀
Luodai Ancient Town

ⓜ 인당 12위안 ☆☆☆☆ ☆☆☆☆☆ 상신 량펀(伤心凉粉, 슬픈 량펀), 카이신 빙펀(开心冰粉, 기쁜 빙펀) 洛带古镇上 하드코어 입맛 소유자, 주머니 가벼운 여행자

自贡好吃客

쯔궁하오츠커
Zigong Haochike

ⓜ 인당 60위안 ☆☆☆☆ ☆☆☆☆☆½ 타오수이와(跳水蛙), 타오수이투(跳水兎), 렁궈위(冷锅鱼), 더우화(豆花) 武侯区科华北路101号[쓰촨(四川)대학 서문 근처] 028-85530621 11:30~23:30 하드코어 입맛 소유자

双流老妈兎头

쐉류라오마투터우
Shuangliu Laoma Tutou

ⓜ 인당 40위안 ☆☆ ☆☆☆☆☆☆ 마라웨이(麻辣味), 우샹웨이(五香味) 双流县清泰路一段80号(교통국 맞은편) 028-85825978 08:00~22:00 하드코어 입맛 소유자, 주머니 가벼운 여행자

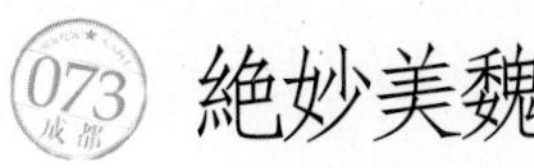

쥐먀오메이웨이
Juemiao Meiwei

ⓜ 인당 40위안 ⛪ ☆☆☆ ◇ ☆☆☆☆☆☆ 👍 나오화(脑花), 투야오(兎腰), 훠궈펀(火锅粉) 🏠 武侯区紫竹西街44号 ✆ 13980744545 ⏱ 17:30~익일 새벽 01:00 ☺ 주머니 가벼운 여행자, 하드코어 입맛 소유자

妈妈传炖品

마마좐둔핀

Mamachuan Braised Dishes

인당 48위안 ☆☆☆☆ 은행 투지탕(土鸡汤), 화자오 페이뉴(花椒肥牛) 锦江区莲桂西路48号附5号 028-84555106 10:30~21:00 가족

鱼游天下养生汤锅

위유톈샤양성탕궈

Yuyou Tianxia Yangsheng Tangguo

ⓜ 인당 67위안 ☆☆☆☆ 반위폔(斑鱼片, 가물치회), 서우궁몐(手工面, 수타면) 金牛区永陵路23号 028-87770017 11:30~21:00 가족

成都老房子金沙元年川菜食府

청두 라오팡쯔 진사위안녠 촨차이스푸
Jinsha Yuanniam Sichuan Cuisine Restaurant

ⓜ 인당 300위안 ☆☆☆☆☆ 궁푸탕(功夫汤), 위안녠디이관(元年第一罐), 구화댜오어간(古花雕鹅肝) 青羊区金沙遗址路2号[진사박물관(金沙博物馆)공원 근처] 028-80303888 10:30~21:00 직장인, 주머니가 두둑한 사람, 가족

钦善斋

친산자이

Qinshanzhai

인당 89위안 ☆☆☆☆☆ 야오산탕궈(药膳汤锅) 武侯区武侯祠大街247号 028-85098895, 028-85098875 11:00~14:00, 17:00~21:00 직장인, 가족

川菜博物馆

찬차이보우관

Sichuan Cuisine Museum of Chengdu

인당 65위안 ☆☆☆☆☆ 쏸니 바이러우(蒜泥白肉), 마포더우푸(麻婆豆腐), 쏸먀오 후이궈러우(蒜苗回锅肉), 단단몐(担担面), 총자오 투지(葱椒土鸡) 郫县古城镇 028-87918008 09:00~20:00 외국인, 식견을 넓히고자 하는 사람, 트렌드세터

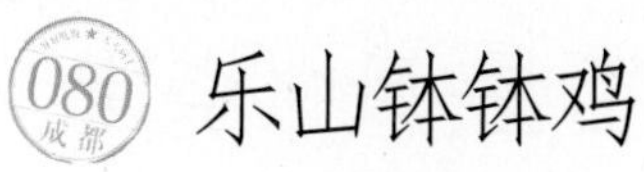

러산보보지
Leshan Boboji

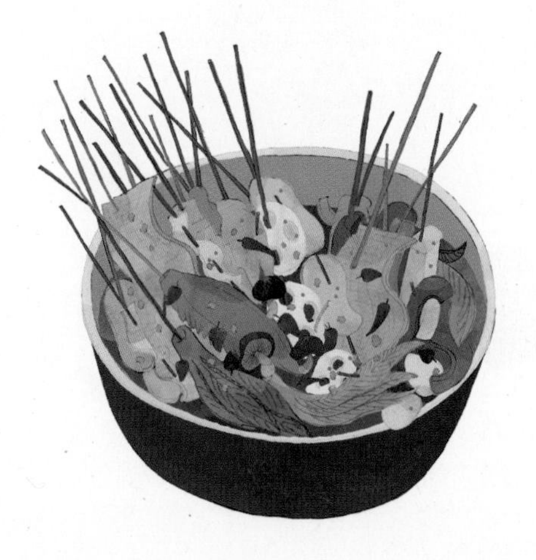

인당 18위안 ☆☆☆ 지좌좌(鸡爪爪), 소고기 青羊区草堂北路16号附19号 주머니 가벼운 여행자, 하드코어 입맛 소유자

吃西昌-风味烧烤

츠시창-펑웨이사오카오
Chi Xichang-Fengwei Shaokao

인당 68위안 ☆☆☆☆ 카오다체(烤大茄), 카오루주 퉈퉈러우(烤乳猪坨坨肉), 카오미즈 우화러우(烤秘制五花肉) 锦绣大道1271号[2.5환(环) 청룽루(成龙路) 입구 쓰촨(四川)사범대학 남대문 근처] 18030693645, 18030693124 17:30~24:00 (17:30 전에는 영업하지 않음) 학생, 어린이 입맛 소유자, 가족, 하드코어 입맛 소유자

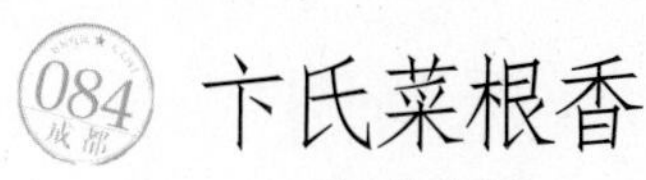

卞氏菜根香

벤스차이건샹
Bianshi Caigenxiang

ⓜ 인당 55위안 ☆☆☆☆ 파오자오 펑좌(泡椒凤爪), 쓰촨 파오차이(四川泡菜), 선센지(神仙鸡) 武侯区航空路7号华尔兹广场2楼[신시왕로(新希望路) 근처] 028-85226767 11:30~14:00, 17:00~21:00 어린이 입맛 소유자, 주머니 가벼운 여행자, 가족

魏鸡肉

웨이지러우
Weijirou

ⓞ 인당 38위안 ⛶ ☆☆☆☆ 👍 웨이지러우(魏鸡肉, 량반지러우) ⛶ 成华区地勘路 28号春熙苑旁[얼셴차오(二仙桥) 근처] ✆ 028-83520511 ⏲ 11:00~22:30 ☺ 주머니 가벼운 여행자

廖记棒棒鸡

라오지방방지
Liaoji Bangbangji

ⓜ 인당 22위안 ☆☆☆☆ 방방지(棒棒鸡), 뼈 없는 펑좌(凤爪) 청두 길거리 어디서나 볼 수 있음. ☺ 주머니 가벼운 여행자

텐주탕지러우뎬
Tianzhutang

ⓜ 인당 31위안 ☆☆☆ 량반지펜(凉拌鸡片) 崇州市滨江路北一段100号 부근[완두(晚渡)광장 근처] 028-82279569 11:00~20:00 주머니 가벼운 여행자, 어린이 입맛 소유자

쮀청위얼지
Juecheng Yu'erji

ⓜ 인당 43위안 ☆☆☆☆ 위얼지(芋儿鸡) 成华区八里小区怡福巷36号[첸수이반다오(浅水半岛) 옆] 15388215943 10:00~22:00 커플, 젊은이들, 주머니 가벼운 여행자, 어린이 입맛 소유자

连山代木儿回锅肉

렌산다이무얼후이궈러우
Lianshan Daimuer Huiguorou

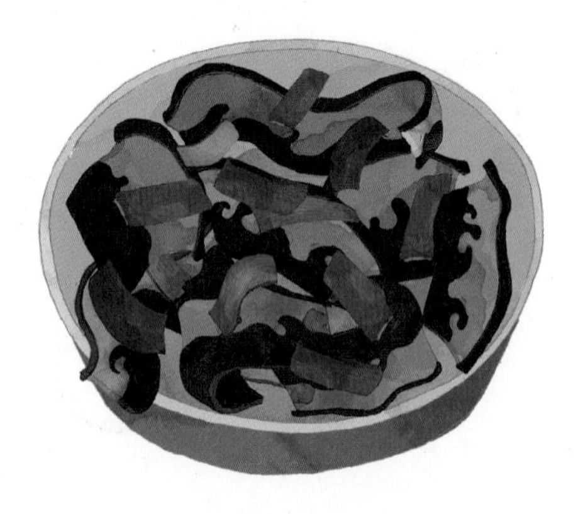

Ⓜ 인당 37위안 ⛰ ☆☆☆ 👍 렌산 후이궈러우(连山回锅肉) 📍 广汉市连山镇金牛广场 📞 0838-5802631 🕒 11:00~14:30, 17:30~20:30 ☺ 주머니 가벼운 여행자, 어린이 입맛 소유자

메이저우사오어관

Meizhou Shao'eguan

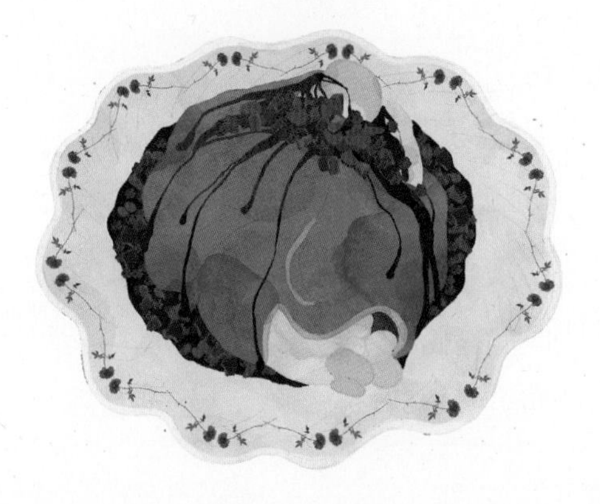

인당 36위안 ☆☆☆☆ 둥포 저우쯔(东坡肘子), 농가 바바차이(农家粑粑菜)

武侯区科华中路146号[농상(农商)은행 근처] 028-87306266 10:30~22:30

주머니 가벼운 여행자, 어른 입맛 소유자, 식견을 넓히고자 하는 사람

红星兔丁

홍싱투딩
Hongxing Tuding

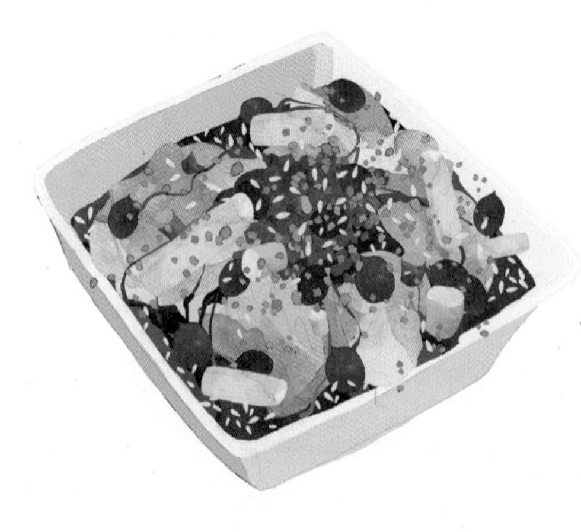

인당 18위안 ☆☆☆☆ 투딩(兎丁), 푸치페이펜(夫妻肺片) 武侯区武侯祠大街180附4号 15388152205 09:00~20:00 주머니 가벼운 여행자, 하드코어 입맛 소유자

神仙兔

선셴투

Shenxian Tu

인당 51위안 ☆☆☆☆ 선셴투(神仙兔), 자오유 나오화(椒油脑花) 武侯区超洋路27号 18908191768 11:30~13:30, 17:00~21:00 어린이 입맛 소유자, 하드코어 입맛 소유자

文殊院素斋

원수위안쑤자이
Wenshuyuan Suzhai

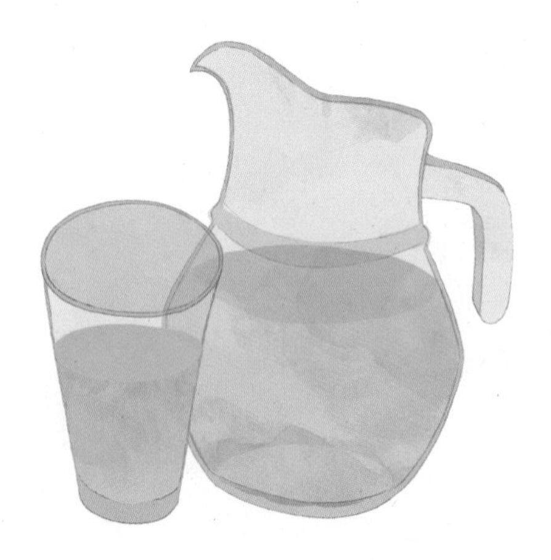

인당 30위안 ☆☆☆☆☆ 더우반 쑤위(豆瓣素鱼), 칭더우장(青豆浆) 青羊区文殊院街15号文殊院 어른 입맛 소유자, 가족

짜오쯔수쑤찬관
Zaozishusu Canguan

인당 64위안 ☆☆☆☆½ 짜오쯔둥(枣子冻), 탕추 쑤샤오파이(糖醋素小排), 쑤샹창(素香肠), 카오쑹룽(烤松茸), 쑤주(素酒) 青羊区青龙街27号铂金城购物广场2号楼4楼 028-86282848 11:00~21:30 커플, 트렌드세터, 젊은이들

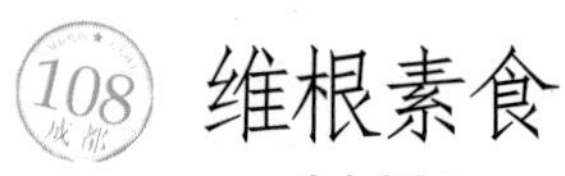

维根素食

웨이건쑤스

Vegan

㉫ 인당 120위안 ⛰ ☆☆☆☆☆ 👍 광제산위안(广结善缘), 돤어슈산(断恶修善), 구이화탕 훙수(桂花糖红薯) 투더우니(土豆泥), 특제 더덕가루(沙参粉), 상상첸(上上签), 허탕웨써(荷塘月色) ⚲ 武侯区佳灵路9号[훙싱메이카이룽(红星美凯龙) 근처] ✆ 028-61813377 🕒 11:00~21:00 ☺ 어른 입맛 소유자, 트렌드세터

비매품